装配式建筑系列新形态教材

U0386891

# 装配式建筑概论

张永强　朱　平　主编

清华大学出版社

北　京

## 内 容 简 介

本书是针对高等职业教育土建大类各专业的课程教材,共分为 8 章,第 1 章介绍了装配式建筑和该行业的发展情况;第 2 章介绍了装配式混凝土结构的连接方式,包括装配式混凝土结构建筑、钢结构建筑、木结构建筑;第 3 章介绍了装配式混凝土建筑常用预制构件及其制作;第 4 章介绍了装配式混凝土建筑的施工等内容;第 5 章介绍了装配式建筑装饰装修相关内容;第 6 章介绍了装配式混凝土建筑质量控制与验收等内容;第 7 章介绍了装配式混凝土建筑安全生产等内容;第 8 章介绍了 BIM 技术在装配式建筑中的应用,包括 BIM 的概念、工作方式及其在装配式建筑各个环节中的应用。

本书可作为高等职业教育土建大类各专业学生的通识课程教材,也可作为相关专业技术人员参考使用。

**图书在版编目(CIP)数据**

装配式建筑概论/张永强,朱平主编. — 北京:清华大学出版社,2022.5(2024.8 重印)
装配式建筑系列新形态教材
ISBN 978-7-302-60319-1

Ⅰ.①装… Ⅱ.①张… ②朱… Ⅲ.①装配式构件-高等职业教育-教材 Ⅳ.①TU3

中国版本图书馆 CIP 数据核字(2022)第 041386 号

责任编辑:杜 晓
封面设计:曹 来
责任校对:刘 静
责任印制:曹婉颖

出版发行:清华大学出版社
　　网　　址:https://www.tup.com.cn,https://www.wqxuetang.com
　　地　　址:北京清华大学学研大厦 A 座　　　　　　邮　　编:100084
　　社 总 机:010-83470000　　　　　　　　　　　　邮　　购:010-62786544
　　投稿与读者服务:010-62776969,c-service@tup.tsinghua.edu.cn
　　质量反馈:010-62772015,zhiliang@tup.tsinghua.edu.cn
　　课件下载:https://www.tup.com.cn,010-83470410
印 装 者:三河市龙大印装有限公司
经　　销:全国新华书店
开　　本:185mm×260mm　　　印　　张:8.75　　　　字　　数:207 千字
版　　次:2022 年 6 月第 1 版　　　　　　　　　　　印　　次:2024 年 8 月第 3 次印刷
定　　价:45.00 元

产品编号:097094-01

# 前　言

　　发展装配式建筑是建设行业进行深化改革、创新转型发展的必由之路，是改变传统粗放的建造方式，实现绿色生态发展目标，促进节能减排、提质增效，与国际先进水平接轨，实施"一带一路"国家倡议，实现"走出去"战略的重要举措，是一项长期的可持续的任务。从我国各省区市装配式建筑实施的情况来看，大部分地区都在结合本地实际，因地制宜地编制发展规划。随着建筑产业化进程的推进，装配式建筑人才匮乏已成为企业发展甚至整个产业发展的"短板"，据推算，我国现代建筑产业发展需求的装配式建筑专业人才紧缺近 800 万人，装配式建筑所需后备人才在高校培养中刚刚起步。因此，为适应建筑职业教育新形式的需求，编写组深入企业一线，结合企业需求及装配式建筑发展趋势，培养装配式建筑急需的生产、施工和管理人才，联合中盈远大（常州）装配式建筑有限公司和有关高校编写了本书。

　　本书为江苏城乡建设职业学院工程造价省级高水平专业群立项建设项目（项目编号：ZJQT21002305），由江苏城乡建设职业学院张永强、朱平担任主编，江苏城乡建设职业学院蔡雷、文畅、毕昇和常州工程职业技术学院沈程担任副主编，参加编写的人员还有中盈远大（常州）装配式建筑有限公司总经理张永强。本书第 1 章、第 3 章、第 4 章由张永强（江苏城乡建设职业学院）编写，第 2 章由朱平、张永强（江苏城乡建设职业学院）编写，第 5 章由毕昇编写，第 6 章由文畅编写，第 7 章由蔡雷编写，第 8 章由沈程编写。张永强（中盈远大（常州）装配式建筑有限公司）参与了书中部分文本资料的收集。全书由张永强（江苏城乡建设职业学院）统稿。

　　本书在编写过程中参阅了国内外学者的有关研究成果及文献资料，在此表示感谢。同时，清华大学出版社编辑为本书的出版付出了大量心血，中盈远大（常州）装配式建筑有限公司为本书的出版提供了技术支持，在此一并表示感谢。由于编者的学术水平和实践经验有限，书中难免存在不妥和疏漏之处，敬请同行专家和广大读者批评、指正。

编者

2022 年 1 月

# 目 录

# 第1章 绪 论

通过本章的学习,了解装配式建筑发展的背景,国内外装配式建筑发展现状,我国装配式建筑行业市场现状,我国装配式建筑行业市场趋势,以及装配式建筑行业政策与监管分析。

## 1.1 装配式建筑发展背景

装配式建筑指将自工厂运输到施工现场的预制墙、梁、楼梯等预制构件,通过机械吊装等方式组装而成的建筑。装配式建筑具有以下特点。

（1）设计形式多样化。装配式建筑的设计、结构体系具有较强的灵活性,根据实际需求进行调整的空间较大,因此具有一定的可定制性。

（2）构件可实现预制生产。依托于 BIM 技术,参数化、数据化的构件模型能够为工厂提供准确的构件尺寸、形状等属性信息,进而实现构件在工厂内的预制生产。

教学视频:装配式建筑的优缺点

（3）构件装配化。与传统建筑不同的是,装配式建筑主要采用现场装配预制构件的施工方式,该方式有助于缩短工期、提高施工速度,并减少劳工需求。

（4）绿色环保、减少污染。在工厂内预制生产构件,有助于减少施工现场的建筑垃圾,且装配式建筑所需的现浇式施工程度较低,因此减少了空气污染和水污染。

以构件材料为分类标准,装配式建筑可分为预制钢结构、预制木结构、预制混凝土结构、预制柱结构等。目前我国装配式建筑行业应用较为广泛的是预制钢结构、预制木结构和预制混凝土结构(表 1-1)。预制钢结构的防火性能较差,但材料来源较为丰富且抗震性能佳,适用于高层、超高层建筑以及抗震要求较高的建筑。因为木材受材料来源、规范等因素的限

表 1-1 主要结构的装配式建筑特点对比

| 构建分类 | 钢结构 | 木结构 | 混凝土结构 |
| --- | --- | --- | --- |
| 建筑成本 | 较高 | 最高 | 较低 |
| 材料性能 | 防火性能较差,防虫性能佳,抗震性能好,材料来源较为丰富 | 防火、防腐和防虫性能均较差,材料来源较少,环保性能佳 | 防火、防腐性能俱佳,抗震性能不如钢结构、木结构,材料来源丰富 |
| 适宜建筑类型 | 高层、超高层建筑,抗震要求高的建筑等 | 二、三层建筑 | 多层、小高层办公楼及住宅建筑 |

制,预制木结构的建筑成本在各类预制构件结构中最高。同时,因木材的防火、防腐和防虫性能均较差,预制木结构只适用于二、三层等较为豪华的低层建筑;预制混凝土结构的技术工艺成熟度较高,防火性能突出,而且建筑成本在钢、木和混凝土三种结构中最低,适用于多层、小高层办公楼以及住宅建筑。

# 1.2    国内外装配式建筑发展现状

教学视频:
装配式建筑
的发展历程

## 1.2.1    国外装配式建筑现状

### 1. 美国装配式建筑

美国在 20 世纪 70 年代能源危机期间开始实施配件化施工和机械化生产。美国城市发展部出台了一系列严格的行业标准规范,一直沿用至今,并与后来的美国建筑体系逐步融合。美国城市住宅结构基本上以工厂化、混凝土装配式和钢结构装配式为主,降低了建设成本,提高了工厂通用性,增加了施工的可操作性。总部位于美国的预制与预应力混凝土协会(PCI)编制了《PCI 设计手册》,其中就包括了装配式结构相关的部分。该手册不仅在美国,而且在国际上也具有非常广泛的影响力。从 1971 年的第一版开始,该手册已经编制到了第7 版,且可与 IBC2006、ACI318-05、ASCE7-05 等标准协调使用。除了 PCI 手册,PCI 还编制了一系列技术文件,包括设计方法、施工技术和施工质量控制等方面。

### 2. 欧洲装配式建筑

法国在 1891 年就已实施了装配式混凝土的构建,迄今已有 130 多年的历史。法国建筑工业化以混凝土体系为主,钢、木结构体系为辅,多采用框架或板柱体系,并逐步向大跨度发展。近年来,法国建筑工业化呈现的特点是焊接连接等干法作业流行;结构构件与设备、装修工程分开,减少预埋,使生产和施工质量提高;主要采用预应力混凝土装配式框架结构体系,装配率达到 80%,脚手架用量减少 50%,节能可达 70%。

德国的装配式住宅主要采取叠合板、混凝土、剪力墙结构体系,剪力墙板、梁、柱、楼板、内隔墙板、外挂板、阳台板等构件采用构件装配式与混凝土结构,耐久性较好。众所周知,德国是世界上建筑能耗降低幅度发展最快的国家,近几年又提出零能耗的被动式建筑。从大幅度节能到被动式建筑,德国都采取了装配式的住宅来实施,这就需要装配式住宅与节能标准相互之间实现充分融合。

瑞典和丹麦早在 20 世纪 50 年代开始就已有大量企业开发了混凝土、板墙装配的部件。目前,新建住宅之中通用部件占到了 80%,既满足了多样性的需求,又达到了 50% 以上的节能率,新建建筑比传统建筑的能耗大幅度的下降。丹麦是一个将模数法治化应用在装配式住宅的国家,国际标准化组织 ISO 模数协调标准即以丹麦的标准为蓝本编制。故丹麦推行建筑工程化的途径实际上是以产品目录设计为标准的体系,使部件达到标准化,然后在此基础上,实现多元化的需求,所以丹麦建筑实现了多元化与标准化的和谐统一。

1975 年,欧洲共同体委员会决定在土建领域实施一个联合行动项目。项目的目的是消除对贸易的技术障碍,协调各国的技术规范。在该联合行动项目中,委员会采取了一系列措施来建立一套协调的用于土建工程设计的技术规范,最终将取代国家规范。1980 年产生了第一代欧洲规范,包括 EN1990～EN1999(欧洲规范 0～欧洲规范 9)等。1989 年,委员会将欧洲规范的出版交予欧洲标准化委员会,使之与欧洲标准具有同等地位。其中,EN1992-1-1(欧洲规范 2)的第一部分为混凝土结构设计的一般规则和对建筑结构的规范,是由代表处设在英国标准化协会的《欧洲规范》技术委员会编制的,还有与预制构件质量控制相关的标准,如《预制混凝土构件质量统一标准》EN13369 等。

总部位于瑞士的国际结构混凝土协会(FIB)于 2012 年发布了新版的《模式规范》MC2010。模式规范 MC90 在国际上有非常大的影响,经历 20 年,汇集了五大洲 44 个国家和地区的专家的研究成果,修订完成了 MC2010。相较于 MC90,MC2010 的体系更为完善和系统,反映了混凝土结构材料的最新进展及性能优化设计的新思路,起到引领设计的作用,为今后混凝土结构规范的修订提供了模式。MC2010 建立了完整的混凝土结构全寿命设计方法,包括结构设计、施工、运行及拆除等阶段。此外,FIB 还出版了大量的技术报告,为理解模式规范 MC2010 提供了参考,其中与装配式混凝土结构相关的技术报告,涉及结构、构件、连接节点等设计内容。

**3. 日本装配式建筑**

日本于 1968 年提出装配式住宅的概念。1990 年,日本采用部件化、工厂化生产方式提高生产效率,住宅内部结构可变,适应人们对住宅多样化的需求。而且日本有一个非常鲜明的特点,从一开始就追求中高层住宅的配件化生产体系。这种生产体系能满足因日本的人口比较密集而产生的对住宅市场的需求。更重要的是,日本通过立法来保证混凝土构件的质量,在装配式住宅方面制定了一系列方针、政策和标准,同时形成了统一的模数标准,解决了标准化、大批量生产和多样化需求这三者之间的矛盾。

日本的标准包括建筑标准法、建筑标准法实施令、国土交通省告示及通令、协会(学会)标准、企业标准等,涵盖了设计、施工等内容,其中,日本建筑学会 AIJ 制定了装配式结构相关技术标准和指南。1963 年成立的日本预制建筑协会在推进日本预制技术的发展方面做出了巨大贡献,该协会先后建立 PC 工法焊接技术资格认证制度、预制装配住宅装潢设计师资格认证制度、PC 构件质量认证制度、PC 结构审查制度等,编写了“预制建筑技术集成”丛书,丛书内容包括剪力墙预制混凝土(W-PC)、剪力墙式框架预制钢筋混凝土(WR-PC)及现浇同等型框架预制钢筋混凝土(R-PC)等。

**4. 新加坡装配式建筑**

新加坡开发出 15～30 层的单元化装配式住宅,占全国总住宅数量的 80% 以上。通过平面的布局、部件尺寸和安装节点的重复性来实现标准化,以设计为核心,实现施工过程的工业化,相互之间配套融合,装配率达到 70%。

## 1.2.2 我国装配式建筑发展历程

我国装配式建筑行业发展主要经历了起步、缓慢发展和快速发展三个阶段(表 1-2)。

表 1-2　我国装配式建筑行业发展历程

| 阶段 | 内容 |
| --- | --- |
| **起步阶段**（1950—1977 年） | • 国务院于 1956 年 5 月发布了《关于加强和发展建筑工业的决定》，为行业的开端奠定重要基础；<br>• 由于处于计划经济体制之下，行业市场化程度较低，行业建筑技术水平较低，建筑工业化水平和装配式建筑的发展几乎处于停滞状态 |
| **缓慢发展阶段**（1978—2010 年） | • 住房和城乡建设部、国务院等政府主体制定的宏观发展战略为行业发展注入新的能量，推动行业技术积累、产品研发以及应用试点等工作的开展；<br>• 因现浇技术水平的提升和传统建筑行业的发展，装配式建筑的关注度以及行业的发展受到一定限制；<br>• 行业发展相对缓慢、技术积累较浅、市场化程度尚待提高、产业基础相对薄弱、市场活跃度有限 |
| **快速发展阶段**（2011 年至今） | • 预制构件生产技术日益成熟、建筑业环保理念的深入、建筑材料逐渐丰富，为装配式建筑行业的发展奠定了关键的基础；<br>• 国家和地方政府主体继续出台扶持政策，力图进一步推广装配式建筑理念、提升社会认知度、促进装配式建筑项目的落地；<br>• 行业政策标准体系日益完善，预制配件研发和生产技术水平逐渐提升，装配式建筑的渗透率逐渐提高，开工的装配式建筑面积持续提升 |

**1. 起步阶段（1950—1977 年）**

相比美国、法国等发达国家，我国装配式建筑行业起步于 20 世纪 50 年代，发展较晚。1956 年 5 月国务院发布了《关于加强和发展建筑工业的决定》，提出要着力提高中国建筑工业的技术、组织和管理水平，逐步实现建筑工业化，以改善中国建筑工业基础差、技术装备落后、管理制度不健全等问题。此政策文件的出台为行业的开端奠定了重要基础，明确了建筑工业化的发展方向，但由于行业仍处于计划经济体制之下，市场化程度较低，业内企业缺乏技术创新的动力，致使行业建筑技术水平较低，建筑工业化水平和装配式建筑的发展几乎处于停滞状态。

**2. 缓慢发展阶段（1978—2010 年）**

改革开放后，中国装配式建筑逐渐从停滞期进入缓慢发展期。1978 年国家建设委员会（现"住房和城乡建设部"，以下简称"住建部"）召开"建筑工业化规划会议"，要求到 1985 年中国大、中城市要基本实现建筑工业化，以及到 2000 年实现建筑工业的现代化。政府宏观层面上制定的发展战略为行业发展注入新的能量，推动行业技术积累、产品研发以及应用试点等工作的开展。业内出现了大板建筑、砌块建筑等预制构件，但是受限于技术实力，装配而成的建筑存在一定的质量问题，如密封不严、隔声效果不佳等。另外，现浇技术水平的提升吸引农民工进入传统建筑市场，提升了现浇施工方式的效率，并降低了施工成本，在一定程度上增加了装配式建筑行业的关注度，并推进了行业的发展。

20 世纪 90 年代后，政府相关主体再次发布一系列政策文件，大力推行住宅产业化，一方面是为了满足该时期大量商品房的建设需求，另一方面旨在提升装配式建筑的技术积累、推动行业应用，并提升行业市场化程度：如建设部于 1996 年发布的《住宅产业现代化试点工作大纲》提出，用 20 年的时间推进住宅产业化的实施规划；国务院办公厅于 1999 年出台的《关于推进住宅产业现代化，提高住宅质量的若干意见》为推进住宅产业现代化明确提出指导思想和发展方向。

在这一时期,尽管政府主体对于行业发展重视度较高,也通过出台利好政策大力扶持行业发展,但是受限于技术积累较浅、市场化程度尚待提高、产业基础相对薄弱、市场活跃度有限等因素,行业发展相对缓慢。

**3. 快速发展阶段(2011 年至今)**

自"十二五"开始,我国装配式建筑行业逐步进入快速发展期。预制构件生产技术日益成熟,建筑业环保理念逐步深入,建筑材料逐渐丰富,均为装配式建筑的发展奠定了关键的基础。

## 1.2.3　我国装配式建筑行业市场现状

我国装配式建筑行业具有较为明显的区域特征,装配式建筑在不同区域具有较大的差异性,导致差异产生的主要影响因素包括区域地质条件、建筑的抗震需求和消费者购房的个性化需求等。北京、上海、山东、江苏等经济较为发达的地区,装配式建筑的应用程度较深,2018 年北京、山东和上海的装配式建筑项目数分别占总体项目数的 16.3%、14.8% 和 13.2%,领先全国(图 1-1)。经济发达地区产业资源集成度较高,且该地区用户的购买力相对较高,因此有助于推动装配式建筑理念的深化和项目的落地应用,并为拉动装配式建筑的市场供应提供了重要基础,未来装配式建筑应用程度有望在我国中西部地区建筑业中得到提升。

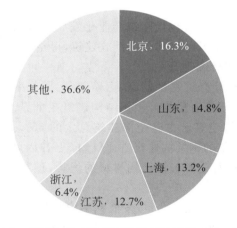

图 1-1　我国装配式建筑建设项目地区组成,2018 年

装配式建筑行业发展至今,标准体系已日臻完善。2017 年 1 月,住建部印发了三大技术标准:《装配式木结构建筑技术标准》(GB/T 51233—2016)、《装配式混凝土建筑技术标准》(GB/T 51231—2016)和《装配式钢结构建筑技术标准》(GB/T 51232—2016);2017 年 12 月住建部又发布了国家标准《装配式建筑评价标准》(GB/T 51129—2017)。各类技术、评价标准的相继出台,推动了木结构、混凝土结构和钢结构建筑的设计、制作、施工、评价工作的规范化,确保了装配式建筑的安全性、适用性、环保性和经济合理性,标准的出台为行业提供了有力的技术保障,也规范和引导着中国装配式建筑的进一步发展。

在政策支持、技术革新和市场化程度加深等因素的助推下,装配式建筑的技术研究和工程实践已逐步成为建筑业中的发展重点,行业自 2015 年后进入全面发展期,装配式建筑的开工面积逐年增加。截止到 2020 年,全国新增装配式建筑面积 6.3 亿 $m^2$,同比增长 50.72%,近 4 年复合增速为 53.32%,占新增建筑面积比例约 20.5%,超额完成了《"十三五"装配式建筑行动方案》中提出的"到 2020 年,全国装配式建筑占新建建筑的比例达到 15%以上"的工作目标。

目前,装配式建筑在我国新建建筑中的渗透率较低,相比发达国家尚存较大差距。根据我国预制建筑网资料显示,美国、日本、法国等国家 2017 年装配式建筑渗透率达到 70%,而我国 2017 年装配式建筑的渗透率仅 8.4%,预计到 2025 年我国装配式建筑的渗透率将达 30%,距离发达国家仍有不小的差距。因此,我国装配式建筑的应用还有较大的提升空间。在我国宏观政策的大力扶持、装配式建筑技术水平不断革新、建筑环保要求持续提高和人力成本持续攀升的大背景下,装配式建筑行业将会迎来更多的发展机会,行业设计方、施工方等市场参与主体认知接受度有望进一步提高,行业标准体系有望持续完善,装配式建筑的渗透率和行业市场化水平有望持续提升。

## 1.3　我国装配式建筑行业市场趋势

### 1.3.1　预制钢结构行业渗透率逐渐提高

预制钢结构装配式建筑是契合现代建筑产业化发展趋势的一种新型建筑结构,在公共建筑领域应用较为广泛。相对其他结构的装配式建筑,得益于以下利好环境因素,预制钢结构装配式建筑的渗透率有望持续提升。

(1) 钢结构装配式建筑具有抗震性能高、运输便利、回收率高、施工周期短和节能环保等优点,其行业关注度和应用度有望提升。钢结构建筑在世界上主要发达国家的建筑中占比较高,在欧美国家,钢结构建筑已占到全部建筑总量的 65%左右,在日本则占了 50%左右。相比之下,我国民用建筑的钢结构建筑占比仅约 5%。因此,我国预制钢结构装配建筑还有较大的市场发展空间,而凭借着钢结构材料的优势,预制钢结构装配建筑有望得到推广,进一步提高行业渗透率。

(2) 我国钢铁产能过剩现象比较严重,发展钢结构装配式建筑,有利于消化过剩的钢铁产量。2015 年政府提出供给侧结构性改革方案,我国试图通过改变产业供需来缓解钢铁产能过剩问题;2016 年国务院发布《关于钢铁行业化解过剩产能实现脱困发展的意见》(以下简称《意见》),《意见》指出:要限制地方政府及部门备案新增产能的钢铁项目,并大力控制钢铁产量。因此,推动钢结构装配式建筑的发展以消耗钢铁原材料,将有助于缓解目前钢铁产能过剩的问题。

(3) 政府高度重视钢结构装配式建筑的发展,相继出台利好政策以加速钢结构装配式建筑的行业渗透率。2013 年住建部出台的《"十二五"绿色建筑和绿色生态区域发展规划》首次提出加快形成装配式钢结构等工业化建筑体系的要求;2017 年住建部印发《"十三五"装配式建筑行动方案》再次要求加大钢结构装配式建筑技术研发力度;住建部建筑市场监管司于 2019 年 3 月发布的《住房和城乡建设建筑市场监管司 2019 年工作要点》明确提出开展钢结构装配式住宅建设试点工作,为推动钢结构装配式建筑行业进一步发展提供政策保障。因此,受惠于政府宏观政策的支持,未来钢结构装配式建筑有望得到进一步的发展。

## 1.3.2　BIM 技术在行业中的应用得到加深

现阶段 BIM 技术在装配式建筑行业中的整体应用普及度较低,但未来随着信息技术的发展、BIM 技术认知度的提升,BIM 技术的应用将成为行业的一大发展趋势。目前行业在华东地区的发展较好,BIM 技术在上海、江苏、浙江等地装配式建筑项目中的应用率较高。近年来 BIM 技术在这些地区装配式建筑中的应用率明显提升,BIM 技术的应用程度较深。随着 BIM 技术应用成熟度的提升,BIM 应用领先的区域有望发挥引领作用,推动 BIM 技术向我国广大的中西部市场渗透。

教学视频:BIM 技术在装配式建筑中的应用

BIM 技术的应用可以帮助装配式建筑实现以下目标。

(1)协同设计:协助不同专业的设计人员同步完成预制构件的方案设计,有效解决不同专业间设计方案不同导致的碰撞冲突问题。

(2)降低误差:设计人员利用 BIM 技术对装配式建筑结构和预制构件进行精细化设计,能够减少施工阶段易出现的装配偏差问题。

(3)优化管理:现场施工管理通过运用 BIM 技术进行装配式建筑的施工模拟和仿真,从而优化施工方案、降低安全成本;仓储管理可以利用 BIM 技术结合 RFID 技术对库存预制构件及时盘点、检验,进一步提高仓储管理的效率。

(4)精准生产:预制构件生产阶段厂商可通过 BIM 模型精确把握预制构件的尺寸信息,制订合理的构件生产计划。

因此,理论和实际应用都体现了 BIM 技术对于装配式建筑行业发展的重要性。未来装配式建筑项目有望借助 BIM 技术实现设计、生产、施工、装修和管理全生命周期信息的互联共享,通过预制构件模型的可视化装配和装配过程的信息化集成,提高装配式建筑的工作效率。

## 1.3.3　装配式建筑逐步标准化

标准化构件是在装配式建筑预制构件设计、生产、施工安装以及管理各个环节中,建立并实施相应的统一标准,进而形成标准化预制构件生产、标准化集成设计、标准化装配安装的过程,有助于改善建造水平、提升生产效益和优化资源利用情况。欧美、日本等发达国家和地区装配式建筑行业起步较早,行业在技术、管理等方面都已趋于成熟。

以日本为例,基于日本地震频发等特殊国情,20 世纪 70 年代日本就制定了一系列政策及规范,建立了统一的模数标准,完成了从住宅产业化到标准化、工业化的过渡。与日本相比,我国装配式建筑行业标准系统尚不完善,不同地方的相关标准和政策存在差异,没有形成广泛通用的标准,且存在企业建造过程中生产效率低下、资源严重浪费的现象。随着我国装配式建筑行业的发展,行业标准体系有望逐步完善,为引导行业健康有序发展和推动装配式建筑行业形成建筑产业化奠定重要的基础。

## 1.4  装配式建筑行业政策与监管分析

### 1.4.1  行业支持政策

　　我国政府及相关部门陆续出台了一系列扶持政策以推动装配式建筑行业的发展(表1-3)。2016年8月,国务院发布了《"十三五"国家科技创新规划》,提出要加强装配式建筑设计理论、技术体系和施工方法的研究,构建装配式建筑的设计、施工、建造和检测评价技术及标准体系,推动装配式建筑实现规模化、高效益和可持续发展。2016年9月,国务院办公厅出台《关于大力发展装配式建筑的指导意见》,明确提出了健全、完善装配式建筑行业标准规范体系、创新装配式建筑设计、优化部品部件生产等八项发展任务,以"京津冀""长三角""珠三角"为重点地区,大力发展混凝土结构、钢结构和现代木结构等装配式建筑,力争用10年左右的时间使装配式建筑在新建建筑面积中的占比达到30%。2017年2月,国务院办公厅出台了《关于促进建筑业持续健康发展的意见》,对建筑业在简政放权改革、工程建设组织、工程质量安全管理等七个方面提出具体措施,进一步深化建筑业"放管服"改革,加快产业升级,促进建筑业持续健康发展,为新型城镇化提供支撑。2018年11月,住建部发布《贯彻落实城市安全发展意见实施方案》,提出要推动装配式建筑、绿色建筑、BIM技术、大数据技术在建设工程中的应用,着力推动新型智慧城市建设。

表1-3  装配式建筑行业支持政策

| 政策名称 | 颁布时间 | 颁布主体 | 主要内容及影响 |
|---|---|---|---|
| 《贯彻落实城市安全发展意见实施方案》 | 2018年11月 | 住建部 | 提出要推动装配式建筑、绿色建筑、BIM技术、大数据技术在建设工程中的应用,推动新型智慧城市建设 |
| 《"十三五"装配式建筑行动方案》 | 2017年3月 | 住建部 | 对装配式建筑行业未来五年的发展规划、标准体系、设计能力等十个方面提出明确要求,明确指出重点任务和发展目标以促进装配式建筑行业全面发展 |
| 《关于促进建筑业持续健康发展的意见》 | 2017年2月 | 国务院办公厅 | 提出要推进建筑产业现代化,大力推广装配式建筑,推动建造方式创新,提升建筑设计水平,加强技术研发应用,完善工程建设标准 |
| 《关于大力发展装配式建筑的指导意见》 | 2016年9月 | 国务院办公厅 | 提出了健全、完善装配式建筑标准规范体系、创新装配式建筑设计、优化部品部件生产等八项任务,鼓励发展装配式建筑,力争在10年左右的时间内使装配式建筑在新建建筑面积中的占比达到30% |
| 《"十三五"国家科技创新规划》 | 2016年8月 | 国务院 | 提出要加强装配式建筑设计理论、技术体系和施工方法的研究,构建装配式建筑的设计、施工、建造和检测评价技术及标准体系,推动绿色建筑及装配式建筑实现规模化、高效益和可持续发展 |

　　政府出台的行业支持政策对装配式建筑行业提出发展要求,指明发展方向,为装配式建筑行业提供了良好的发展环境,有助于加快行业标准化建设,提升行业技术水平,促进传统建筑企业转型升级,大力推动装配式建筑的发展。

## 1.4.2 行业监管政策

为引导装配式建筑行业健康、良好发展,规范装配式建筑评价,我国政府出台了一系列行业监管政策、标准(表1-4)。2017年1月,住建部颁布了《装配式木结构建筑技术标准》(GB/T 51233—2016)、《装配式钢结构建筑技术标准》(GB/T 51232—2016)和《装配式混凝土建筑技术标准》(GB/T 51231—2016),三项标准分别针对装配式木结构建筑、装配式钢结构建筑和装配式混凝土建筑提出具体而明确的发展要求,且在建筑集成设计、结构系统设计、外围护系统设计、设备与管线系统设计和内装系统设计等方面对装配式建筑制定了详细而全面的规范,标准的实施有助于提高装配式建筑的安全性、环境效益、社会效益和经济效益。2017年12月,住建部颁布的《装配式建筑评价标准》GB/T 51129—2017提出了装配率计算方式和装配式建筑等级评价标准,确立了建筑装配化程度的评判标准,规范了装配式建筑的评价方法。2018年7月,国务院发布了《打赢蓝天保卫战三年行动计划的通知》,提出要加强施工工地的扬尘监管和综合治理,降低空气细颗粒物的浓度,减少主要大气污染物的排放总量,改善环境空气质量,明确要求到2018年年底各地建立施工工地管理清单,稳步发展装配式建筑。

表1-4 装配式建筑行业监管政策

| 政策名称 | 颁布时间 | 颁布主体 | 主要内容及影响 |
|---|---|---|---|
| 《打赢蓝天保卫战三年行动计划的通知》 | 2018年7月 | 国务院 | 提出要加强施工工地的扬尘监管,减少主要大气污染物排放量,建立施工工地管理清单,稳步发展装配式建筑行业 |
| 《装配式建筑评价标准》 | 2017年12月 | 住建部 | 建立了对建筑装配化程度全面的评判标准,对装配式建筑在设计、项目竣工验收等不同阶段的评价方式提出具体规定,通过规范装配式建筑的评价标准,促进装配式建筑发展 |
| 《装配式混凝土建筑技术标准》 | 2017年1月 | 住建部 | 对装配式混凝土建筑的集成设计、生产运输、施工安装、质量验收等各项指标做出明确规定,有利于提高装配式混凝土建筑的安全性、环境效益、社会效益、经济效益 |
| 《装配式钢结构建筑技术标准》 | 2017年1月 | 住建部 | 对装配式钢结构建筑的建筑设计、集成设计、生产运输等指标提出要求,有利于提高装配式钢结构建筑的可靠性、安全性以及防火、防腐、性能 |
| 《装配式木结构建筑技术标准》 | 2017年1月 | 住建部 | 对装配式木结构建筑的结构设计、连接设计、防护要求等指标做出了具体规范,有利于提高装配式木结构建筑的安全性、耐久性以及防水、防腐、防火等各项性能 |

我国政府及相关部门出台的行业监管政策标准具有较好的规范性和引导作用,通过规范行业评价标准,规定各类装配式建筑在设计、施工、验收等多个阶段中的作业指标,进而引导装配式建筑行业发展。

学习小结

**复习思考题**

1. 我国装配式建筑行业的定义及分类是什么？

2. 我国装配式建筑的发展历程是什么？

3. 了解我国装配式建筑行业市场现状。

4. 我国装配式建筑行业的发展趋势是怎样的？

# 第2章 装配式建筑连接构造

## 学习目标

通过本章的学习,了解装配式建筑部品件的种类,掌握装配式建筑常见的结构形式,包括装配式混凝土结构建筑、钢结构建筑、木结构建筑等,以及常见结构形式的连接构造。

## 2.1 装配式建筑部品件

**1. 矩形预制柱**

矩形预制柱截面边长不宜小于400mm,圆形预制柱截面直径不宜小于450mm,且不宜小于同方向梁宽的1.5倍。柱纵向受力钢筋直径不宜小于20mm,纵向受力钢筋间距不宜大于200mm,且不应大于400mm。柱纵向受力钢筋可集中于四角配置,且宜对称布置。柱中可设置纵向辅助钢筋(辅助钢筋直径不宜小于12mm,且不宜小于箍筋直径)。

教学视频:
预制柱

**2. 预制叠合梁**

预制混凝土叠合梁是由预制混凝土底梁和后浇混凝土组成,分两阶段成型的整体受力水平构件,其下半部分在工厂预制,上半部分在工地现浇,简称叠合梁。装配整体式框架结构中,当采用叠合梁时,框架梁的后浇混凝土叠合层厚度不宜小于150mm,次梁的后浇混凝土叠合层厚度不宜小于120mm;当采用凹口截面预制梁时,凹口深度不宜小于50mm,凹口宽度不宜小于60mm。

**3. 预制叠合板**

预制叠合板为半预制混凝土楼板构件,一半在工厂预制,一半在施工现场现浇。叠合楼板在工地安装到位后,再进行二次浇筑,从而成为整体实心楼板。叠合板的预制板厚度不宜小于60mm,后浇混凝土叠合层厚度不应小于60mm。跨度大于3m的叠合板,宜采用桁架钢筋混凝土叠合板;跨度大于6m的叠合板,宜采用预应力混凝土预制板;板厚大于180mm的叠合板,宜采用混凝土空心板。当叠合板的预制板采用空心板时,应封堵板端空腔。

教学视频:桁架
钢筋混凝土
叠合板

**4. 预制剪力墙**

预制剪力墙是在工厂预制而成的混凝土剪力墙构件。墙板侧面在施工现场通过预留钢筋与现浇剪力墙边缘构件连接,底部通过钢筋灌浆套筒与下层预制剪力墙预留钢筋连接。

预制剪力墙分为内墙板和外墙板。其中,外墙板由外叶墙板、保温板、内叶墙板组成,俗称"三明治板",内叶板为预制混凝土剪力墙,外叶板为钢筋混凝土保护层。现场安装时,内叶板侧面通过预留钢筋与现浇剪力墙边缘构件连接,底部通过钢筋灌浆套筒与下层预制剪力墙预留钢筋连接。

**5. PCF 板**

PCF 板是用于外墙 L 形转角处作模板使用的预制混凝板,由保温层和混凝土外叶板组成。

**6. 预制混凝土楼梯**

预制混凝土楼梯是装配式混凝土建筑重要的预制构件,具有受力明确、外形美观等优点,避免在现场支援模板,安装后可作为施工通道,节约施工工期。通常预制混凝土楼梯构件会在踏步上预制防滑条,并在楼梯临空一侧预制栏杆扶手预埋件。

**7. 预制混凝土阳台板**

预制混凝土阳台板是集承重、围护、保温、防水、防火等功能为一体的重要装配式预制构件。预制混凝土阳台板通过局部现浇混凝土与主体结构实现可靠连接,使之形成装配宽体式住宅。预制阳台板一般有叠合板式阳台板、全预制板式阳台板和全预制梁式阳台板,目前以叠合板式阳台板为主。

# 2.2　装配式混凝土建筑基本构件与连接构造

## 2.2.1　基本构件

装配式混凝土结构是由预制混凝土构件通过可靠的连接方式装配而成的混凝土结构,其基本构件主要包括柱、梁、剪力墙、楼板、楼梯、阳台、空调板、女儿墙等,这里主要的受力构件通常在工厂预制加工完成,待强度等符合规范要求后,运输至施工现场进行现场装配施工。

**1. 预制混凝土柱**

预制混凝土柱包括预制混凝土实心柱和预制混凝土矩形柱壳两种形式。预制混凝土的外观多种多样,包括矩形、圆形和工字形等。在满足运输和安装要求的前提下,预制混凝土柱的长度可达到 12m 或更长。

**2. 预制混凝土梁**

预制混凝土梁根据施工工艺不同常见的有预制实心梁和预制叠合梁,梁制作简单,构件自重较大,多用于厂房和多层建筑中。预制叠合梁便于与楼板连接,整体性较强,运用十分广泛。

**3. 预制混凝土剪力墙**

预制混凝土剪力墙从受力性能角度分为预制实心剪力墙和预制叠合剪力墙。

1)预制实心剪力墙

预制实心剪力墙是指将混凝土剪力墙在工厂预制成实心构件,并在现场通过预留钢筋与主体结构相连接。随着灌浆套筒在预制剪力墙中的使用,预制实心剪力墙的使用越来越广泛。

预制混凝土夹心保温剪力墙是一种结构保温一体化的预制实心剪力墙,由外叶、内叶和中间层三部分组成。内叶是预制混凝土实心剪力墙,中间层为保温隔热层,外叶为保温隔热层的保护层。保温隔热层与内外叶之间采用拉结件连接。拉结件可以采用玻璃纤维钢筋或不锈钢拉结件。预制混凝土夹心保温剪力墙通常作为建筑物的承重外墙,预制叠合剪力墙结构具有制作简单、施工方便等优势。

2) 预制叠合剪力墙

预制叠合剪力墙是指一侧或两侧均为预制混凝土墙板,在另一侧或中间部位现浇混凝土,从而形成共同受力的剪力墙结构。预制叠合剪力墙结构在德国有着广泛的运用,在我国上海和合肥等地也已有所应用。它具有制作简单、施工方便等优势。

**4. 预制混凝土楼板**

预制混凝土楼板按照制作工艺不同分为预制混凝土叠合板、预制混凝土实心板预制混凝土空心板和预制混凝土双 T 形板等。

**5. 预制混凝土叠合板**

预制混凝土叠合板最常见的一种是桁架钢筋混凝土叠合板,另一种是预制带肋底板混凝土叠合楼板。桁架钢筋混凝土叠合板属于半预构件,下部为预制混凝土板,外露部分为桁架钢筋。预制混凝土叠合板的预制部分厚度通常为 60mm,叠合楼板在施工现场安装到位后,要进行二次浇筑,从而成为整体实心板。桁架钢筋的主要作用是将后浇筑的混凝土层与预制底板形成整体,并在制作和安装过程中提供刚度。伸出预制混凝土层的桁架钢筋和粗糙的混凝土表面可以保证叠合楼板预制部分与现浇部分能有效结合成整体,用桁架钢筋混凝土叠合板制作(带有甩筋的)的预制带肋底板混凝土叠合楼板是一种预应力带肋混凝土叠合楼板(简称 PK 板),预应力带肋混凝土叠合楼板具有以下优点。

(1) 预应力带肋混凝土叠合楼板是国际上最薄、最轻的叠合板之一。厚 3cm,自重 110kg/m²。

(2) 用钢量最省。由于预应力带肋混凝土叠合楼板采用高强预应力钢丝,比其他叠合板用钢量节省 60%。

(3) 承载能力最强。预应力带肋混凝土叠合楼板破坏性试验承载力可达 $1.1t/m^2$,支撑间距可达 3.3m,可减少支撑数量。

(4) 抗裂性能好。由于采用了预应力技术,预应力带肋混凝土叠合楼板可极大地提高混凝土的抗裂性能。

(5) 新老混凝土接合好。由于预应力带肋混凝土叠合楼板采用了 T 形肋,现浇混凝土形成倒梯形,新老混凝土互相咬合,新混凝土流到孔中,又形成销栓作用。

(6) 可形成双向板。预应力带肋混凝土叠合楼板在侧孔中横穿钢筋后,避免了传统叠合板只能做单向板的弊病,且预埋管线方便。

**6. 预制混凝土楼梯**

预制混凝土楼梯外观更加美观,避免在施工现场支模浇筑,节约工期。预制简支楼梯受力明确,安装后可做施工通道,解决了垂直运输问题,保证了逃生通道的安全。

**7. 其他预制构件**

预制混凝土阳台通常包括预制实心阳台和预制叠合阳台。预制阳台板能够克服现浇阳台的缺点,解决阳台支模复杂、现场高空作业费时费力的问题。

预制混凝土空调板通常采用预制实心混凝土板,板侧预留钢筋与主体结构相连,预制空调板可与外墙板或楼板通过现场浇筑相连,也可与外墙板在工厂预制时做成一体。

女儿墙处于屋顶处外墙的延伸部位,通常有立面造型,采用预制混凝土女儿墙的优势是能快速安装,节省工期,并提高耐久性。女儿墙可以是单独的预制构件,也可以是顶层的墙板向上延伸,把顶层外墙与女儿墙预制为一个构件。

## 2.2.2　预制混凝土构件连接构造

教学视频:预制构件及其连接基本构造要求上

**1. 预制混凝土柱连接构造**

预制梁柱节点区的钢筋安装时,节点区柱箍筋应预先安装于预制柱钢筋上,随预制柱一同安装就位,预制混凝土柱连接节点通常为湿式连接。

1)预制柱底连接构造要求

预制柱底接缝宜设置在楼面标高处,后浇节点区混凝土上表面应置粗糙面,柱纵向受力钢筋应贯穿后浇节点区。柱底接缝厚度宜为 20mm,并采用灌浆料填实。上、下预制柱采用钢筋套筒连接时,在套筒长度大于 50cm 的范围内,应在原设计箍筋间距的基础上设加密箍筋。

2)中间层预制柱连接构造要求

(1)对于中间层预制柱节点,节点两侧的梁下部纵向受力钢筋宜锚固在后浇节点区内,也可采用机械连接或焊接的方式直接连接,梁的上部纵向受力钢筋应贯穿后浇节点区。

(2)对于框架中间层端节点,当柱截面尺寸不满足梁纵向受力钢筋的直线锚固要求时,应采用锚固板锚固,也可采用 90°弯折锚固。

3)顶层预制柱连接构造要求

(1)对于框架顶层中节点,梁纵向受力钢筋的构造应符合规范规定。柱纵向受力钢筋宜采用直线锚固;当梁截面尺寸不满足直线锚固要求时,宜采用锚固板锚固。

(2)对于框架顶层端节点,梁下部纵向受力钢筋应锚固在后浇节点区内,且宜采用锚固板的锚固方式。梁、柱其他纵向受力钢筋的锚固应符合下列规定:柱宜伸出屋面,并将柱纵向受力钢筋锚固在伸出段内,伸出段长度不宜小于 500mm,伸出段内箍筋间距不应大于 5d($d$ 为柱纵向受力钢筋直径),且不应大于 100mm;柱纵向受力钢筋宜采用锚固板锚固,锚固长度不应小于 40d;梁上部纵向受力钢筋宜采用锚固板锚固。柱外侧纵向受力钢筋也可与梁上部纵向受力钢筋在后浇节点区搭接,其构造要求应符合现行国家标准《混凝土结构设计规范》(GB 50010—2010)(2015 年版)中的规定。柱内侧纵向受力钢筋宜采用锚固板锚固。

**2. 预制混凝土叠合梁连接构造**

1)叠合梁构造要求

在装配式混凝土框架结构中,常将预制梁做成矩形或 T 形截面,首先在预制厂内做成预制梁,在施工现场将预制楼板搁置在预制梁上(预制楼板和预制梁下需设临时支撑),安装就位后,再浇捣梁上部的混凝土使楼板和梁连接成整体,即成为装配整体式结构中分两次浇捣混凝土的叠合梁。混凝土叠合梁的截面一般有两种,分为矩形截面预制梁和凹口截面预制梁。与后浇混凝土、灌浆料、坐浆材料的结合面应设置粗糙面,预制梁端面应设置键槽。预制梁端的粗糙面凹凸深

教学视频:预制构件及其连接基本构造要求下

度不应小于 6mm,键槽尺寸和数量应按《装配式混凝结构技术规程》(JGJ 1—2014)的规定计算确定。键槽的深度 $t$ 不宜小于 30mm,宽度不宜小于深度的 3 倍,且不宜大于深度的 10 倍;键槽可贯通截面,当不贯通时,槽口距截面边缘不宜小于 50mm,键槽间距宜等于键槽宽度;键槽端部斜面倾角不宜大于 30°。粗糙面的面积不宜小于结合面的 80%。

2) 叠合梁的箍筋配置要求

抗震等级为一、二级的叠合框架梁的梁端箍筋加密区宜采用整体封闭箍筋。采用组合封闭箍筋的形式时,开口箍筋上方应做成 135°弯钩。非抗震设计时,弯钩端头平直段长度不应小于 5d( $d$ 为箍筋直径),抗震设计时,平直段长度不应小于 10d,现浇应采用箍筋帽封闭开口箍,箍筋帽末端应做成 135°弯钩。

3) 叠合梁对接连接时的要求

(1) 连接处应设置后浇段,后浇段的长度应满足梁下部纵向钢筋连接作业的空间需求。

(2) 梁下部纵向钢筋在后浇段内宜采用机械连接、套筒灌浆连接或焊接连接。

(3) 后浇段内的箍筋应加密,箍筋间距不应大于 5d( $d$ 为纵向钢筋直径),且不应大于 100mm。

4) 叠合主梁与次梁的节点构造

叠合主梁与次梁采用后浇段连接时,应符合下列规定:在端部节点处,次梁下部纵向钢筋伸入主梁后浇段内的长度不应小于 12d。次梁上部纵向钢筋应在主梁后浇段内锚固。当采用弯折锚固或锚固板时,锚固直段长度不应小于 0.6m;当钢筋应力不大于钢筋强度设计值的 50% 时,锚固直段长度不应大于 0.35l;弯折锚固的弯折后直段长度不应小于 12d( $d$ 为纵向钢筋直径)。在中间节点处,两侧次梁的下部纵向钢筋伸入主梁后浇段内长度不应小于 12d( $d$ 为纵向钢筋直径);次梁上部纵向钢筋应在现浇层内贯通。

**3. 预制混凝土剪力墙连接构造**

后浇带节点构造要求。预制剪力墙的顶面、底面和两侧面应处理为粗糙面或者制作键槽,与预制剪力墙连接的圈梁上表面也应处理为粗糙面。粗糙面露出的混凝土粗骨料不宜小于其最大粒径的 1/3,且粗糙面凹凸不应小于 6mm,根据《装配式混凝土结构技术规程》(JGJ 1—2014),对高层预制装配式墙体结构,楼层内相邻预制剪力墙的连接应符合下列规定:边缘构件应现浇,现浇段内按照现浇混凝土结构的要求设置箍筋和纵筋;预制剪力墙的水平钢筋应在现浇段内锚固,或者与现浇段内水平钢筋焊接或搭接连接;上、下剪力墙板之间,应先在下墙板和叠合板上部浇筑圈梁连续带后,坐浆装上部墙板,套筒灌浆或者浆锚搭接进行连接。

**4. 预制混凝土叠合板连接构造**

1) 对叠合板的规定

预制混凝土与后浇混凝土之间的接合面应设置粗糙面。粗糙面的凹凸深度不应小于 4.1mm,以保证叠合面具有较强的黏结力,使两部分混凝土共同有效地工作。所制板厚度由于脱模、吊装、运输、施工等因素,最小厚度不宜小于 60mm,后浇混凝土层最小厚度不应小于 60mm,主要考虑楼板的整体性以及管线预埋、面筋铺设、施工误差等因素。当板跨度大于 3m 时,宜采用桁架钢筋混凝土叠合板,可增加预制板的整体刚度和水平抗剪性能;当板跨度大于 6m 时,宜采用预应力混凝土预制板,可节省工程造价;板厚大于 180mm 的叠合板,其预制部外采用空心板,空心部分板端空腔应封堵,以减轻楼板自重,提高经济性能。

2) 对叠合板支座处的纵向钢筋的规定

（1）端支座处，预制板内的纵向受力钢筋宜从板端伸出，并锚入支撑梁或墙的后混凝土中，锚固长度不应小于 $5d$（$d$ 为纵向受力钢筋直径），且宜伸过支座中心线。

（2）单向叠合板的板侧支座处，当板底分布钢筋不伸入支座时，宜在紧邻预制板顶面的后浇混凝土叠合层中设置附加钢筋，附加钢筋截面面积不宜小于预制板内的同向分布钢筋面积，间距不宜大于 600mm，在板的后浇混凝土叠合层内锚固长度不应小于 $15d$，在支座内锚固长度不应小于 $15d$（$d$ 为附加钢筋直径），且宜伸过支座中心线。

（3）单向叠合板板侧的分离式接缝宜配置附加钢筋。接缝处紧邻预制板顶面宜设置垂直于板缝的附加钢筋，附加钢筋伸入两侧后浇混凝土叠合层的锚固长度不应小于 $15d$（$d$ 为附加钢筋直径）；附加钢筋截面面积不宜小于预制板中该方向钢筋面积，钢筋直径不宜小于6mm，间距不宜大于 250mm。

（4）双向叠合板板侧的整体式接缝处由于有应变集中情况，宜将接缝设置在叠合板的次要受力方向上，且宜避开最大弯矩截面。接缝可采用后浇带形式，并应符合下列规定。

① 后浇带宽度不宜小于 200mm。

② 后浇带两侧板底纵向受力钢筋可在后浇带中焊接、搭接连接、弯折锚固。

③ 当后浇带两侧板底纵向受力钢筋在后浇带中弯折锚固时，叠合板厚度不应小于 $10d$，且不应小于 $120mm$（$d$ 为弯折钢筋直径的较大值）；垂直于接缝的板底纵向受力钢筋配置量宜按计算结果增大 15% 配置；接缝处预制板侧伸出的纵向受力钢筋应在后浇混凝土叠合层内锚固，且锚固长度不应小于 $l_a$；两侧钢筋在接缝处重叠的长度不应小于 $10d$，钢筋弯折角度不应大于 $30°$，弯折处沿接缝方向应配不少于 2 根通常构造钢筋，且直径不应小于该方向预制板内钢筋直径。

## 2.3 装配式钢结构建筑基本构件与连接构造

### 2.3.1 基本构件

教学视频：装配式建筑结构分类

装配式钢结构主要指由钢制材料组成的结构，主要由型钢和钢板等制成的钢梁、钢柱、钢桁架等构件组成，各构件或部件之间通常采用焊接、螺栓或铆钉连接。装配式钢构建筑是目前最为安全、可靠的装配式建筑。常见钢框架结构的基本组成构件包括钢柱、钢梁、预制混凝土叠合板、预制混凝土剪力墙、预制混凝土楼梯等，这些主要受力构件通常在工厂预制加工完成，然后运输至施工现场进行现场装配施工。

钢柱：钢柱按截面形状可分为实腹柱和格构柱。实腹柱具有整体的截面，常见的有工字形截面和十字形截面。常见的格构柱有 H 形格构柱和管格构柱，各肢间用缀条或缀板联系。

钢梁：钢梁也称为工字钢，是截面为工字形状的长条钢材，工字钢的种类有热轧普通工字钢、轻型工字钢和宽平行腿工字钢。宽平行腿工字钢也称为 H 形工字钢，其断面特点是两腿平行,且腿内侧没有斜度,它属于经济断面型钢,在四辊万能轧机上轧制而成,所以又称为"万能工字钢"。

### 2.3.2 钢结构构件连接构造

**1. 钢结构构件连接方式**

钢结构构件之间的互相连接常采用焊缝连接、螺栓连接或铆钉连接。螺栓连接分为普通螺栓连接和高强度螺栓连接。

1) 焊缝连接

焊缝连接主要采用电弧焊,即通过电弧产生热量,使焊条和焊件局部熔化,经冷却凝结成焊缝,从而将焊件连接成一体。电弧焊包括手工电弧焊、自动或半自动埋弧焊及气体保护焊等。

2) 普通螺栓连接

普通螺栓连接的连接件包括螺栓杆、螺母和垫圈。普通螺栓用普通碳素结构钢或低合金结构钢制成,分粗制螺栓和精制螺栓两种。普通螺栓连接按受力情况可分为抗剪连接和抗拉连接,也有同时抗剪和抗拉的连接。

3) 高强度螺栓连接

高强度螺栓连接件由螺栓杆、螺母和垫圈组成,由强度较高的钢经过热处理制成。高强度螺栓连接用特殊扳手拧紧高强度螺栓,须对其施加规定的预拉力。高强度螺栓抗剪连接按其传力方式分为摩擦型和承压型两类。

**2. 铆钉连接**

铆钉是由顶锻性能好的铆钉钢制成,铆钉连接的施工程序是先在包连接的构件上制成比钉径大 1.0~1.5mm 的孔,然后将一端有半圆钉头的铆钉加热到呈樱桃红色,塞入孔内,再用铆钉枪或铆钉机进行铆合,使铆钉填满钉孔,并打成另铆钉头。铆钉在铆合后冷却收缩,对被连接的板束产生夹紧力,有利于传力。铆钉连接的韧性和塑性都比较好,但铆接比栓接费工,比焊接废料,只用于承受较大的动力荷载的大跨度钢结构,一般情况下在工厂几乎为焊接所代替,在工地几乎为高强度螺栓连接所代替。

**3. 钢结构构件连接构造**

1) 梁与柱连接构造

(1) 梁翼缘、梁腹板与柱均为全熔透焊接,即全焊接节点。

(2) 梁翼缘与柱全熔透焊接,梁腹板与柱螺栓连接,即栓焊混合节点。

(3) 梁翼缘、梁腹板与柱均为螺栓连接,即全栓接节点。

2) 次梁与主梁连接构造

次梁与主梁的连接通常设计为铰接,主梁作为次梁的支座,次梁可视为简支梁拼接形式。次梁腹板与主梁的竖向加劲板用高强度螺栓连接;当次梁内力和截面较小时,也可直接与主梁腹板连接。

3) 柱脚与基础连接构造

柱脚与基础连接通常是在基础中预埋钢板与螺栓,然后与柱脚预留的螺栓孔利用螺栓进行连接。

4）叠合板板端与板侧连接构造

该部分内容参见预制混凝土构件连接相应内容。

5）楼梯与楼梯梁连接构造

预制混凝土楼梯梯段板上、下端与钢梯梁采用铰接连接，滑动支座放置在下支撑点上。预制混凝土楼梯容易实现抗震设计时减小楼梯对主体结构刚度的影响，滑动支座实现简便。采用构造措施，断开楼梯与主体结构的连接，使楼梯不参与整体结构受力，不但可以改善楼梯的受力状态，还可以减少由于楼梯引起的结构不规则性和地震反应的不确定性。

## 2.4　装配式木结构建筑基本构件与连接构造

**1. 基本构件**

装配式木结构主要包括轻型木结构、重型木结构和原木结构。装配式木结构的主要结构构件包括柱、梁、墙面板，楼面板和屋面板等。轻型木结构多用于多层住宅建筑；重型木结构多用于学校、体育馆、展览厅、教堂、火车站等大空间公共建筑，例如上海世博会温哥华馆，该建筑一层为混凝土结构，二层和三层采用了现代轻型木结构和重型木结构建造技术，是一栋混合结构建筑；原木结构多用于风景区、旅游景点的休闲场所或宾馆等建筑。

**2. 木结构构件连接构造**

装配式木结构构件可以用钢板、螺栓、钉和销等将木结构连接起来，最常用到的连接形式有钉连接、螺栓连接、卯棒连接等。

1）钉连接

木结构中，面板与墙骨柱、面板与次梁等的连接常采用钉连接。

2）螺栓连接

木结构中，主梁与次梁等主要构件的连接常采用螺栓连接等。

3）卯棒连接

卯棒是"卯眼""榫头"的简称。在传统木工加工制作中，连接两个或多个木材构件时，一般采用"卯榫构造"形式。其中，木材构件上的四个部分称为"卯"（或叫"卯眼"），凸出部分称为"樟"（或叫"桦头"），最基本的卯禅结构，是由"卯眼"和"禅头"两部分组成，"樟头"插入"卯眼"中，使两个构件连接并固定。

4）连接件与螺栓组合连接

将连接件（如钢板）与柱用螺栓连接，在横梁上预先制作出线槽与圆孔，将连接件插入线槽内，用销进行固定。

## 学习小结

**复习思考题**

　　1. 简述装配式混凝土结构基本构件的组成及种类。

　　2. 简述预制混凝土柱、梁、墙、板等构件的连接构造。

　　3. 简述装配式钢结构基本构件的组成及种类。

　　4. 简述钢梁、钢柱等构件的连接构造。

　　5. 简述装配式木结构基本构件的组成及种类。

　　6. 简述木结构构件的连接构造。

# 第3章 装配式建筑构件制作

能够依据模台画线位置进行模具摆放、校正及固定。掌握模具清理及脱模剂涂刷要求。能够进行水平钢筋、竖向钢筋和附加钢筋摆放、绑扎及固定；埋件摆放与固定、预留孔洞临时封堵。掌握钢筋间距设置、马凳筋设置、钢筋绑扎、垫块设置的基本要求。熟悉混凝土粗糙面、收光面处理要求。掌握夹心外墙板的保温材料布置和拉结件安装要求。能够进行构件养护温度、湿度控制及养护监控。能够对涂刷缓凝剂的表面脱模后进行粗糙面冲洗处理。掌握构件起板的吊具选择与连接要求。

## 3.1 模具的准备与安装

教学视频：构件
生产准备

### 3.1.1 模具的维护保养要求

模具清理，重点部位为模具内侧面，模具表面应无混凝土残渣、混凝土预留物，不可遗漏边模拼接处、边模与台车底模接缝处。台车底模上预埋定位边线必须清理干净。清理挡边模具时，要防止对模具和台模造成损坏。钢台车、钢模具初次使用前，应将表面打磨一遍，去除表面锈斑、污垢，并将浮灰擦拭干净后，均匀地涂刷一遍脱模剂。

**1. 模具的维护保养**

钢模具在项目生产过程中要及时维护保养，注意事项如下。

（1）模具使用前，应在模具内、外表面涂刷脱模剂，以便脱模和防止混凝土黏结。

（2）操作工人在拆模时，禁止使用铁锤等工具大力敲打模具，避免暴力拆模带来模具损坏。拆卸的工具宜为皮锤、羊角锤、小撬棍等。

（3）生产结束后，要及时清理模具表面积水等污染物，确保模具清洁，避免模具生锈而影响寿命。

（4）在生产过程中后，要定期检查模具。一般在每套模具累计生产 30 次时要进行一次检查，当生产的 PC 构件出现异常情况时，也要对模具进行检查，检查或发现模具出现变形等问题，要及时进行整形修正。

**2. 模具的存放**

模具存放时，其支点应符合设计规定的位置，支点处应采用垫木和其他适宜的材料支撑，多层模具叠放时，层与层之间应用垫木隔开，各层垫木的位置应设在设计规定的支点处，上、下层垫木应在同一条竖直线上，叠放高度宜按模具强度、支架地基承载力、垫木强度及堆垛的稳定性等经计算确定。大型模具宜为 2 层,不超过 3 层。

## 3.1.2 模具清理及脱模剂涂刷要求

脱模剂是一种涂刷于模具工作面,起隔离作用,在拆模时能使混凝土与模具顺利脱离,保持 PC 构件形状完整及模具无损的材料。

(1) 水性脱模剂:防止水性脱模剂与 PC 构件中钢筋接触,否则影响钢筋吸附力;水性脱模剂涂抹需全面,不可遗漏死角,且要均匀,不能有积液,否则影响脱模,表面存在色差。

(2) 油性涂膜剂:禁止油性涂膜剂与后浇带和装饰面接触,否则影响后续现浇和装修面的吸附力。

## 3.1.3 模台画线操作步骤和要求

(1) 根据构件布模图,在钢台车上确定基准定位点 $O$。点 $O$ 一般选取布模图上钢台车端部构件下角起点位置。

(2) 使用墨斗经基准点 $O$ 沿钢台车长方向弹一条平行于台车底边的通长线 $OA$(相对于大模具及几个模具合装在一个台车上,小模具只需在模具内空尺寸两端各加 30cm)。要求平行线 $OA$ 平行、平直、清晰可见。

(3) 使用墨斗经基准点 $O$ 沿钢台车短边方向弹一条垂直于 $OA$ 的通长线 $OB$。以基准点 $O$ 为圆心,以 1800mm 为半径,在已弹好的墨线上画一小段弧 $a$。再以基准点 $O$ 为圆心,以 2400mm 为半径在近似平行于钢台车短边方向上画一道较长的弧 $b$。然后以弧 $A$ 与墨线交点为圆心,以 3000mm 为半径画弧交弧 $b$ 于 $B$ 处,连接 $OB$ 并延长。$OB$ 要与 $OA$ 垂直,并清晰可见。

(4) 以两条垂线为基准,根据构件图或布模图弹出模具长度和宽度线,确定外框尺寸,并校验对角线。

(5) 在校验对角线误差在允许范围内之后,再以模具的外边线为基准,引出门窗洞口、消防洞口以及其他预留洞口的轮廓线。要求画线精度高,清晰可见。

## 3.1.4 模具组装与校准的步骤和要求

**1. 模具组装前的检查**

根据生产计划合理加工和选取模具,所有模具必须清理干净,不得存有铁锈、油污及混凝土残渣。模具变形量超过规定要求的模具,一律不得使用,应当定期检查使用中的模具,并做好检查记录。模具允许偏差及检验方法见表 3-1。

教学视频:
模具组装

表 3-1 预制构件模具尺寸允许偏差和检验方法

| 检验项目和内容 | | 允许偏差/mm | 检 验 方 法 |
|---|---|---|---|
| 长度 | <6m | 1,−2 | 用尺量平行构件高度方向,取其中偏差绝对值较大值 |
| | >6m,且≤12m | 2,−4 | |
| | >12m | 3,−5 | |

续表

| 检验项目和内容 | | 允许偏差/mm | 检验方法 |
|---|---|---|---|
| 宽度、高(厚)度 | 墙板 | 1，−2 | 用尺测量两端或中间部位,取其中偏差绝对值较大值 |
| | 其他构件 | 2，−4 | |
| 底模表面平整度 | | 2 | 用 2m 靠尺和塞尺量 |
| 对角线差 | | 3 | 用尺量对角线 |
| 侧向弯曲 | | $L/1500$,且≤3 | 拉线,用钢尺量测侧向弯曲最大处 |
| 翘曲 | | $L/1500$,不大于3mm | 对角拉线测量交点间距离值的 2 倍 |
| 组装缝隙 | | 1 | 用塞尺测量,取最大值 |
| 端模与侧模高低差 | | 1 | 用钢尺量 |

注:$L$ 为模具与混凝土接触面中最长边的尺寸。

**2. 模具初装**

(1) 按布模图纸上的模具清单选取对应挡边,放在台车上。

(2) 将 4 个挡边依据有序组合,根据台车面已画定位线,快速将模具放入指定位置。

(3) 安装压铁固定墙板挡边模具,压铁布置间距为 1.0～1.5m,压铁应能顶住和压住模具挡边,初步拧紧,完成初步固定。

**3. 模具校核**

组装模具前,应在模具拼接处粘贴双面胶,或者在组装后打密封胶,防止在混凝土浇筑振捣过程中漏浆。侧模与底模、顶模与侧模组装后,必须在同一平面内,不得出现错台。

组装后,应校对模具内的几何尺寸,并拉对角线校核,然后使用压铁进行紧固。使用磁性压铁固定模具时,一定要将磁性压铁底部杂物清理干净,且必须将螺栓有效地压到模具上。

**4. 模具检验方法**

(1) 长、宽测量方法:用尺量两端及中间部位,取其中偏差绝对值较大值。

(2) 厚度测量方法:用尺量板四角和宽度居中位置、长度 1/4 位置共 12 处,取其中偏差绝对值较大值。

(3) 对角线测量方法:在构件表面,用尺量测两对角线的长度,取其绝对值的差值。

# 3.2　钢筋与预埋件安装

## 3.2.1　预埋件固定及洞口预留

**1. 预埋件固定**

预制构件常用的预埋件主要包括灌浆套筒、外墙保温拉结件、吊环、预埋管线及线盒等。

预埋件固定应满足以下要求:预埋件必须经专检人员验收合格后,方可使用;固定前,认真核对预埋件质量、规格、数量;应设计定位销、模板架等工艺装置,保证预埋件按预制构件设计制作图准确定位,并保证浇筑混凝土时不移位;线盒、线管、吊点、预埋铁件等预埋件中心线位置、埋设高度等不能超过规范允许偏差值。

1)灌浆套筒

灌浆套筒是通过水泥基灌浆料的传力作用将钢筋对接连接所用的金属套筒。钢筋连接灌浆套筒按照结构形式分为半灌浆套筒和全灌浆套筒(图 3-1)。前者一端采用灌浆方式与钢筋连接,另一端采用非灌浆方式与钢筋连接(通常采用螺纹连接);后者两端均采用灌浆方式与钢筋连接。全灌浆套筒仅需在构件生产中将被连接的钢筋从端部插入并安装到位,但不与套筒连接,故本部分重点讲述半灌浆套筒固定。

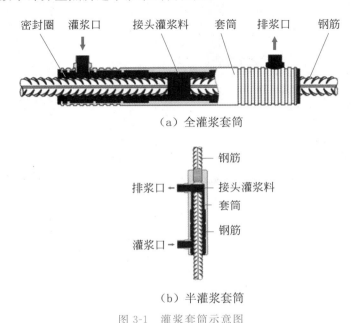

（a）全灌浆套筒

（b）半灌浆套筒

图 3-1　灌浆套筒示意图

半灌浆套筒的固定包括直螺纹丝头加工、丝头与套筒连接、套筒固定、灌浆管及出浆管安装等步骤。

（1）直螺纹丝头加工:丝头参数应满足厂家提供的作业指导书规定要求。使用螺纹环规检查钢筋丝头螺纹直径时,环规通端丝头应能顺利旋入,止端丝头旋入量不能超过 $3P$($P$ 为丝头螺距)。使用直尺检查丝头长度。目测丝头牙型,不完整牙累计不得超过 2 圈。操作者 100% 自检,合格的报验,不合格的切掉重新加工。

（2）丝头与套筒连接:用管钳或呆扳手拧钢筋,将钢筋丝头与套筒螺纹拧紧连接。拧紧后,钢筋在套筒外露的丝扣长度应大于 0 扣,且不超过 1 扣。质检抽检比例为 10%。连接好的钢筋应分类整齐码放。

（3）套筒固定:将连接钢筋按构件设计布筋要求进行布置,绑扎成钢筋笼,灌浆套筒安装或连接在钢筋上。钢筋笼吊放在预制构件平台上的模板内,将套筒外侧一端靠紧预制构件模板,用套筒专用弹性橡胶垫密封固定件进行固定。橡胶垫应小于灌浆套筒内径,且能承受蒸养和混凝土发热后的高温,反复压缩使用后能恢复原外径尺寸。套筒固定后,检查套筒端面与模板之间有无缝隙,保证套筒与模板端面垂直。

(4)灌浆管、出浆管安装(图3-2):将灌浆管、出浆管插在套筒灌排浆接头上,并插到要求的深度。将灌浆管、出浆管的另一端引到预制构件混凝土表面。可用专用密封(橡胶)堵头或胶带封堵好端口,以防浇筑构件时管内进浆。连接管要绑扎固定,防止浇筑混凝土时移位或脱落。

图3-2　各种构件灌浆管、出浆管的安装与密封措施

2) 外墙保温拉结件

外墙保温拉结件是用于连接预制保温墙体内、外层混凝土墙板,传递墙板剪力,以使内、外层墙板形成整体的连接器(图3-3)。拉结件宜选用纤维增强复合材料或不锈钢薄钢板加工制成。外墙保温拉结件应符合下列规定。

图3-3　外墙保温拉结件

(1)金属及非金属材料拉结件均应具有规定的承载力、变形和耐久性能,并应经过试验验证。

（2）拉结件应满足防腐和耐久性要求。

（3）拉结件应满足夹心外墙板的节能设计要求。

3）吊环

吊装用内埋式螺母、吊杆及配套吊具,应根据相应的产品标准和设计规定选用。吊装配件应满足以下要求。

（1）预制构件用吊装配件的位置应能保证构件在吊装、运输过程中平稳受力。设置预埋件、吊环、吊装孔及各种内埋式预留吊具时,应对构件在该处承受吊装和在作用的效应进行承载能力的复核验算,并采取相应的构造措施,避免吊点处混凝土局部破坏。

（2）内埋式螺母或内埋式吊杆的设计与构造,应满足起吊方便和吊装安全的要求。专用内埋式螺母或内埋式吊杆及配套的吊具,应根据相应的产品标准和应用技术规程选用。

（3）吊环锚入混凝土的长度不应小于 $30d$,并应焊接或绑扎在钢筋骨架上,$d$ 为吊环直径。

4）预埋管线及线盒

预埋管线及线盒(图 3-4)应严格按照图纸设计进行固定,接线盒预埋用自制的"井"字形钢筋架将接线盒卡好后与钢筋绑扎固定,并仔细核对标高,不应随意更改管线走向及末端插座盒的位置,并在墙体根部预留管路连接孔洞。接线盒内装入填充物后,将盒口用塑料胶布封好。

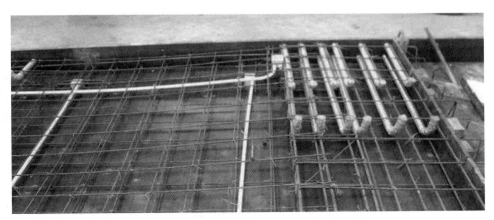

图 3-4　预埋管线及线盒

5）洞口预留

预制剪力墙开有边长小于 800mm 的洞口,且在结构整体计算中不考虑其影响时,应沿洞口周边配置补强钢筋;补强钢筋的直径不应小于 12mm,截面面积不应小于同方向被洞口截断的钢筋面积;该钢筋自孔洞边角算起伸入墙内的长度,非抗震设计时不应小于 $l_a$,抗震设计时不应小于 $l_{aE}$(图 3-5)。

给水排水洞口预留(图 3-6)应按设计图纸并结合工厂的工艺图纸进行操作。首先要熟悉图纸,其次对管道进行合理地排布,使其美观整齐。画线定位固定套管,确保按照图纸要求的位置准确无误,套管管底平齐、垂直无倾斜,复核标高,待标高跟设计吻合时,固定并加固牢靠后,封堵洞口。

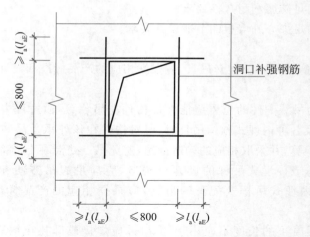

图 3-5  预制剪力墙洞口补强钢筋配置示意图

图 3-6  给水排水洞口预留

　　浇筑混凝土前,生产人员及质检人员应共同对预留孔洞规格尺寸、位置、数量及安装质量进行仔细检查,验收合格后,方可进行下道工序。如在检查验收时发现位置误差超出要求、数量不符合图纸要求等问题,必须重新施工。

　　安装预留孔洞时,应采取妥善、可靠的固定保护措施,确保其不移位、不变形,防止振捣时移位及脱落。如发现预埋孔洞模具在混凝土浇筑中移位,应停止浇筑,查明原因,妥善处理,并注意一定要在混凝土凝结之前重新固定好预留孔洞。

　　如果遇到预留孔洞与其他线管、钢筋或预埋件发生冲突时,要及时上报,严禁自行移位处理或其他改变设计的行为出现。同时,浇筑混凝土前,应对预留孔洞进行封闭或填充处理,避免出现被混凝土填充等现象,如在浇筑时,混凝土进入预留孔洞模板内,应立即对其进行清理,以免影响结构物的使用。

### 3.2.2　钢筋绑扎

**1. 准备工作**

核对成品钢筋的钢号、直径、形状、尺寸和数量等是否与料单料牌相符。如有错漏,应纠正或增补。准备绑扎用的铁丝、绑扎工具、绑扎架;准备控制混凝土保护层用的垫块;画出钢筋位置线。钢筋接头的位置,应根据来料规格,结合有关接头位置、数量的规定,使其错开,在模板上画线。绑扎形式复杂的结构部位时,应先研究逐根钢筋穿插就位的顺序,并与模板工联系讨论支模和绑扎钢筋的先后次序,以减少绑扎困难。

**2. 钢筋绑扎要点**

**1) 钢筋定位**

制作首件钢筋时,必须通知技术、质检及相关部门检查验收,制作过程中应当定期、定量检查。不符合设计要求或超过允许偏差的,一律不得绑扎,按废料处理。纵向钢筋(带灌浆套筒)及需要套丝的钢筋,不得使用切断机下料,必须保证钢筋两端平整,套丝长度、丝距及角度必须严格按照图纸设计要求,纵向钢筋(带灌浆套筒)需要套大丝,梁底部纵筋(直螺纹套筒连接)需要套国标丝,套丝机应当指定专人且有经验的工人操作,质检人员不定期进行抽检(图3-7)。

图 3-7　钢筋定位

位于混凝土内的连接钢筋应埋设准确,锚固方式应符合设计要求。构件交接处的钢筋位置应符合设计要求。当设计无具体要求时,剪力墙中水平分布钢筋宜放在外侧,并宜在墙端弯折锚固。位于混凝土内的钢筋套筒灌浆连接接头的预留钢筋,应采用专用定位模具对其中心位置进行控制,应采用可靠的绑扎固定措施对连接钢筋的外露长度进行控制。定位钢筋中心位置存在细微偏差时,应采用套管方式进行细微调整。定位钢筋中心位置存在严重偏差而影响预制构件安装时,应会同设计单位制订专项处理方案,严禁切割、强行调整定位钢筋。

**2) 钢筋交叉点绑扎**

钢筋的交叉点应用铁丝扎牢;柱、梁的箍筋,除设计有特殊要求外,应与受力钢筋垂直;

箍筋弯钩叠合处,应沿受力钢筋方向错开设置;柱中竖向钢筋搭接时,角部钢筋的弯钩平面与模板面的夹角,矩形柱应为 45°,多边形柱应为模板内角的平分角。

3）剪力墙构件连接节点区域钢筋安装

安装剪力墙构件连接节点区域的钢筋时,应制订合理的工艺顺序,保证水平连接钢筋、箍筋、竖向钢筋位置准确;剪力墙构件连接节点区域宜先校正水平连接钢筋,后将箍筋套入,待墙体竖向钢筋连接完成后绑扎箍筋;剪力墙构件连接节点加密区宜采用封闭箍筋。对于带保温层的构件,箍筋不得采用焊接连接(图 3-8)。

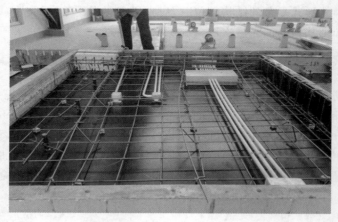

图 3-8 预置电管盒

预制构件外露钢筋影响现浇混凝土中钢筋绑扎时,应在预制构件上预留钢筋接驳器,待现浇混凝土结构钢筋绑扎完成后,将锚筋旋入接驳器,形成锚筋与预制构件外露钢筋之间的连接。

4）保护层垫块设置

水泥砂浆垫块的厚度应等于保护层厚度。当在垂直方向使用垫块时,可在垫块中埋入 20 号铁丝。

控制混凝土保护层用的塑料卡的形状有两种:塑料垫块和塑料环圈(图 3-9)。塑料垫块用于水平构件(如梁、板),在两个方向均有凹槽,以便适应两种保护层厚度。塑料环圈用于垂直构件(如柱、墙),使用时钢筋从卡嘴进入卡腔;由于塑料环圈有弹性,可使卡腔的大小能适应钢筋直径的变化。

（a）塑料垫块　　　　　　　　　　　（b）塑料环圈

图 3-9 控制混凝土保护层用的塑料卡

预制构件保护层厚度应满足设计要求。保护层垫块宜与钢筋骨架或网片绑扎牢固,按梅花状布置,间距应满足钢筋限位及控制变形要求,钢筋绑扎丝扣应弯向构件内侧。

# 3.3　构件浇筑

教学视频:预制
构件混凝土浇筑

**1. 混凝土浇筑的基本要求**

(1)混凝土应均匀连续浇筑,投料高度不宜大于500mm。

(2)浇筑混凝土时,应保证模具、门窗框、预埋件、连接件不发生变形或者移位,如有偏差,应及时采取措施纠正。

(3)混凝土从出机到浇筑完毕的延续时间,气温高于25℃时,不宜超过60min;气温低于25℃时,不宜超过90min。

(4)混凝土应采用机械振捣密实,对边角及灌浆套筒处充分有效振捣;振捣时,应该随时观察固定磁盒是否松动移位,并及时采取应急措施;浇筑厚度使用专门的工具测量,严格控制,对于外叶振捣后应当对边角进行一次抹平,保证构件外叶与保温板间无缝隙。

(5)应定期定时对混凝土进行各项工作性能试验(如坍落度、和易性等);按单位工程项目留置试块。

浇筑和振捣混凝土时,应按操作规程,防止漏振和过振。生产时,应按照规定使制作试块与构件同条件养护。图3-10所示为混凝土边浇筑、边振捣示意图,其中振捣器宜采用振动平台或振捣棒,平板振动器辅助使用,混凝土振捣完成后应用机械抹平压光,如图3-11所示。

图 3-10　振捣混凝土示意图

**2. 混凝土收光面处理要求**

混凝土振捣完成后,应用机械抹平收光,抹平收光时,需要注意以下几点:初次抹面后,须静置1h后再进行表面收光,收光应用力均匀,收光时,应将模具表面清理干净,如将构件表面的气泡、浮浆、砂眼等清理干净,构件外表面应光滑、无明显凹坑破损,内侧与结构相接触面须做到均匀拉毛处理,拉深4~5mm,再静置1h。

**3. 外墙板的保温材料布置**

夹心保温外墙板可采用反打一次成型工艺制作,步骤如下:首层钢筋网片入模→首层混

图 3-11　机械抹平压光

凝土浇筑→铺设保温聚苯→布置拉结件→上层钢筋骨架入模→上层混凝土浇筑→表面抹平→蒸养→脱模→构件清理→构件存放。其生产工序除正常构件生产内容之外,两大重要工序为保温工序和拉结件布置工序。

　　(1) 保温工序:构件加工图→聚苯放样→聚苯下料→聚苯铺装→浇筑。

　　(2) 拉结件布置工序:拉结件布置图→聚苯打孔→插入拉结件→拉结件调整→浇筑。

　　**4. 钢筋骨架摆放要求**

　　摆放外墙内叶下层钢筋(内叶钢筋骨架分为上层钢筋和下层钢筋)时,首先根据配筋图进行下层横筋摆放,进行下层连梁横筋摆放、下层窗下墙横筋摆放,然后摆放窗下墙下层纵筋,摆放边缘墙下层纵筋,摆放完毕后,内叶下层钢筋摆放完毕。摆放内叶上层钢筋,依次摆放边缘墙纵筋、窗下墙纵筋、连梁纵筋等。

　　**5. 布料机布料操作的基本内容**

　　控制混凝土空中运输车移进搅拌站,根据任务构件所需的混凝土量设置混凝土需求量,根据构件强度要求设置混凝土配比,根据混凝土配比及浇筑工序所需混凝土量进行混凝土搅拌制作。混凝土搅拌完毕后,由下料口下料到空中运输车内,并控制运输车运送混凝土到浇筑区域(图 3-12)。

图 3-12　布料机布料界面

# 3.4　构件养护与脱模

养护是保证混凝土质量的重要环节,对混凝土的强度、抗冻性、耐久性有很大的影响。混凝土养护有三种方式:常温养护、蒸汽养护、养护剂养护。预制混凝土构件一般采用蒸汽养护,蒸汽养护可以缩短养护时间,快速脱模,提高效率,减少模具等生产要素的投入。

## 3.4.1　预制混凝土构件养护

### 1. 蒸汽养护

蒸汽养护是预制构件生产最常用的养护方式。在养护窑或养护罩内,以温度不超过 100℃、相对湿度在 90% 以上的湿蒸汽为介质,使养护窑或养护罩中的混凝土构件在蒸汽的湿热作用下迅速凝结硬化,达到要求强度的过程就是蒸汽养护。

根据《装配式混凝土建筑技术标准》(GB/T 51231—2016)中的有关规定,蒸汽养护应采用能自动控制温度的设备,蒸汽养护过程(养护制度)可分为预养期、升温期、恒温期和降温期(图 3-13)。

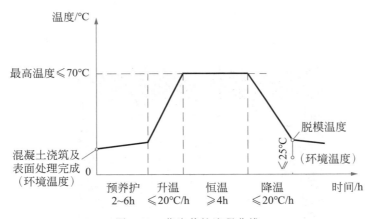

图 3-13　蒸汽养护流程曲线

蒸汽养护要严格按照蒸汽养护操作规程进行,严格控制预养时间 2～6h;开启蒸汽,使养护窑或养护罩内的温度缓慢上升,升温阶段应控制升温速度不超过 20℃/h;恒温阶段的最高温度不应超过 70℃,夹心保温板最高养护温度不宜超过 60℃,梁、柱等较厚的预制构件最高养护温度宜控制在 40℃以内,楼板、墙板等较薄的构件养护最高温度宜控制在 60℃,恒温持续时间不少于 4h。逐渐关小直至关闭蒸汽阀门,使养护窑或养护罩内的温度缓慢下降,在降温阶段,应控制降温速度不超过 20℃/h。预制构件出养护窑或撤掉养护罩时,其表面温度与环境温度差值不应超过 25℃。

### 2. 养护窑集中蒸汽养护要求

养护窑集中蒸汽养护适用于流水线工艺。养护窑集中蒸汽养护操作要求如下。

教学视频:
预制构件养护

（1）预制构件入窑前，应先检查窑内温度，窑内温度与预制构件温度之差不宜超过15℃，且不高于预制构件蒸汽养护允许的最高温度。

（2）将需养护的预制构件连同模台一起送入养护窑（图3-14）。

图 3-14　养护窑

（3）在自动控制系统上设置好养护的各项参数（图3-15）。养护的最高温度应根据预制构件类型和季节等因素来设定。一般冬季养护温度可设置得高一些，夏季可设置得低一些，甚至可以不蒸养；不同类型预制构件养护允许的最高温度如图3-13所示。

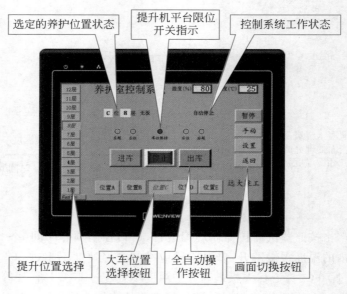

图 3-15　蒸汽控制系统主界面

（4）自动控制系统应由专人进行操作和监控。

（5）根据设置的参数进行预养护。

（6）预养护结束后，系统自动进入蒸汽养护程序，向窑内通入蒸汽，并按预设参数进行自动控制。

（7）养护过程中，应设专人监控养护效果。

（8）当因意外事故导致失控时，系统将暂停蒸汽养护程序，并发出警报，请求人工干预。

（9）当养护主程序完成，且环境温度与窑内温度差值不小于25℃时，蒸汽养护结束。

（10）预制构件脱模前，应再次检查养护效果，通过同条件试块抗压试验并结合预制构件表面状态的观察，确认预制构件是否达到脱模所需的强度。

**3. 固定模台蒸汽养护操作要求**

固定模台蒸汽养护（图3-16）宜采用全自动多点控温设备进行温度控制。固定模台蒸汽养护操作要求如下。

图3-16　固定模台蒸汽养护

（1）养护罩应具有较好的保温效果，且不得有破损、漏气等。

（2）应设"人"字形或"π"形支架，将养护罩架起，盖好养护罩，四周应密封好，不得漏气。

（3）在罩顶中央处设置好温度检测探头。

（4）在温控主机上设置好蒸汽养护参数，包括蒸汽养护的模台、预养护时间、升温速率、最高温度、恒温时间、降温速率等，养护最高温度可参照图3-13进行设定。

（5）预养护时间结束后，系统将根据预设参数自动开启相应模台的供汽阀门。

（6）操作人员应查看蒸汽压力、阀门动作等情况，并检查蒸汽有无泄漏。

（7）蒸汽养护的全过程，应设专人操作和监控，检查养护效果。

（8）蒸汽养护过程中，系统将根据预设参数自动完成温度的调控。因意外导致失控时，系统将暂停故障通道的蒸汽养护程序，并发出警报，提醒人工干预。

（9）预设的恒温时间结束后，系统将关闭供汽阀门进行降温，同时监控降温情况，必要时自动进行调节。

（10）当养护罩内的温度与环境温度差值小于预设温度时，系统将自动结束蒸汽养护程序。

**4. 自然养护操作要求**

自然养护可以降低预制构件生产成本，当预制构件生产有足够的工期或环境温度能确保次日预制构件脱模强度满足要求时，应优先采取自然养护的方式。自然养护操作要求如下。

（1）在需要养护的预制构件上盖上不透气的塑料或尼龙薄膜，处理好周边封口。

（2）必要时，在上面加盖较厚实的帆布或其他保温材料，减少温度散失。

（3）让预制构件保持覆盖状态，中途应定时观察薄膜内的湿度，必要时应适当淋水。

（4）直至预制构件强度达到脱模强度后，方可撤去预制构件上的覆盖物，结束自然养护。

## 3.4.2 养护窑构件出入库操作的基本要求

**1. 进窑准备**

（1）打开养护控制系统。

（2）检查台车周围及窑内提升机周围有无障碍物。

（3）检查提升机前后感应器是否有效。

（4）检查提升机钢丝绳、刹车好坏。

（5）检查台车是否滑出窑口。

（6）确认台车编号、模具型号、入窑时间，选定入窑位置并记录。

**2. 进窑**

（1）在养护控制系统中选定自动进库模式，再选定 PC 进库位置，选定完成后，按进库按钮，台车待进库。

（2）将流水线进库开关旋转到"开"，将台车送进窑内，用提升机将其送到指定的位置。

**3. 养护**

（1）养护时，要做好定期的现场检查、巡视工作。

（2）按规定的时间周期，检查养护系统测试的窑内温度、湿度，并做好检查记录。

**4. 进窑养护工艺要求**

（1）进窑前，应确认台车编号、模具型号、入窑时间，选定入窑位置后，做好记录。

（2）进窑前，检查台车周围及窑内提升机周围有无障碍物。

（3）在蒸汽养护的状态下，养护时间为 8～12h，出窑后混凝土强度不应低于 15MPa。

**5. 出窑准备**

（1）检查台车周围及窑内提升机周围有无障碍物。

（2）确认台车编号、模具型号、入窑时间，选定入窑位置并记录。

**6. 出窑**

（1）在养护控制系统中，选定自动出库模式，再选定 PC 出库位置，选定完成后按出库按钮，台车进行出库。

（2）若在自动模式运行下出现异常，在控制系统中切换至半自动模式及手动模式进行操作。

（3）将流水线出库开关旋转到"开"，将台车从窑内送至流水线上。

## 3.4.3 构件脱模操作

预制构件脱模作业主要包括预制构件脱模流程、流水线工艺脱模操作、固定模台工艺脱模操作、粗糙面处理、模具清理和模具报验。

教学视频：预制
构件脱模

**1．预制构件脱模流程**

常规的预制构件脱模流程如下。

（1）拆模前，应做混凝土试块同条件抗压强度试验，试块抗压强度应满足设计要求且不宜小于15MPa，预制构件方可脱模。

（2）试验室根据试块检测结果出具脱模起吊通知单。

（3）生产部门收到脱模起吊通知单后，安排脱模。

（4）拆除模具上部固定预埋件的工装。

（5）拆除安装在模具上的预埋件的固定螺栓。

（6）拆除边模、底模、内模等的固定螺栓。

（7）拆除内模。

（8）拆除边模，如图3-17所示。

图3-17　拆除边摸

（9）拆除其他部分的模具。

（10）将专用吊具安装到预制构件脱模埋件上，拧紧螺栓。

（11）用泡沫棒封堵预制构件表面所有预埋件孔，吹净预制构件表面的混凝土碎渣。

（12）将吊钩挂到安装好的吊具上，锁上保险。

（13）再次确认预制构件与所有模具间的连接已经拆除。

（14）确认起重机吊钩垂直于预制构件中心后，以最低起升速度平稳起吊预制构件，直至构件脱离模台，如图3-18所示。

图3-18　预制构件起吊

**2. 流水线工艺脱模操作规程**

流水线工艺多采用磁盒固定模具,脱模操作规程如下。

(1) 按脱模起吊通知单安排拆模。

(2) 打开磁盒磁性开关后,将磁盒拆卸,确保拆卸不遗漏。

(3) 拆除与模具连接的预埋件固定螺栓。

(4) 将边模平行向外移出,防止损伤预制构件边角。

(5) 如预制构件需要侧翻转,应在侧翻转工位先进行侧翻转(图 3-19),侧翻转角度在 80°左右为宜。

(6) 选择适用的吊具,确保预制构件能平稳起吊。

(7) 检查吊点位置是否与设计图样一致,防止预制构件起吊过程中产生裂缝。

(8) 预制构件起吊。

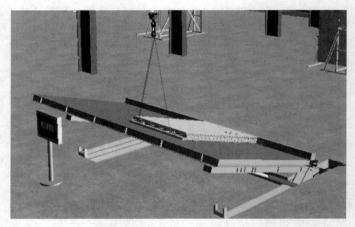

图 3-19　预制构件侧翻转

**3. 粗糙面处理**

《混凝土结构设计规范》(GB 50010—2010)(2015 年版)和《装配式混凝土结构技术规程》(JGJ 1—2014)规定了预制构件的结合面应设置粗糙面的要求,提出了"制作时应按设计要求进行粗糙面处理""可采用化学处理、拉毛或凿毛等方法制作粗糙面""粗糙面面积不宜小于结合面的 80%"等要求。国家标准《混凝土结构工程施工质量验收规范》(GB 50204—2015)中,将"预制构件的粗糙面质量"作为预制构件进场的一项验收内容。国内各装配式构件生产厂也非常重视构件结合面的粗糙化处理施工过程与成品质量,大多采用凿毛、拉毛、印花、水洗等工艺来完成构件结合面的粗糙化处理。

1) 水洗法

技术人员预先在结合面模板上涂刷缓凝剂,在水平结合面喷洒缓凝剂。使构件表面 3~5mm 厚度范围内的混凝土凝结时间长于构件内部混凝土凝结时间,形成一个时间差,当构件内部混凝土凝结,但表面尚未到凝结时,用冲洗设备对混凝土表面进行冲洗,去除表面的浮浆和部分细集料,使粗集料部分裸露形成粗糙的表面而达到凿毛效果。

2) 凿毛法

目前我国常用的混凝土结合面处理方法之一为凿面处理,通常分为人工凿毛法和机械凿毛法。人工凿毛是利用人力和手工机具对混凝土构件表面进行凿化处理,此法劳动强度大、工作效率低、人工成本高。机械凿毛是采用机械设备对混凝土构件表面进行凿化处理,此法噪声非常大,且伴随着重大粉尘污染。此外,这两种方法均会对混凝土结合面产生扰动,结构上易产生微裂缝等现象。因此,凿毛法具有一定的局限性,不提倡在较大面积的结合面粗糙化处理中使用。

3) 定制模板法

对部分构件粗糙面处理采用定制模板,在模板上设有各种刻痕,脱模后刻痕就存留在预制构件的结合面上。但是,此法技术要求较高,刻痕过浅,达不到规范规定的粗糙度要求;刻痕过深,则不利于构件脱模。因此,需谨慎采用带刻痕的定制模板制作预制构件。

4) 拉毛法

部分构件结合面采用拉毛法进行处理,如叠合板的上表面等。这种方法简单易行,设备简易,操作起来几乎不受限制,若实行机械化拉毛的流水生产线,则效率更高,因此该方法实施效果较好,使用范围相对较广,实施过程需注意好拉毛后浮渣的清理。但对于存在钢筋外露的构件表面,则无法采用拉毛法来实施,因此拉毛法具有较大的局限性。

**4. 模具清理**

(1) 自动化流水线工艺一般有边模清洁设备,通过传送带将边模送入清洁设备并清扫干净,再通过传送带将清扫干净的边模送进模具库,由机械手按照型号、规格分类储存备用(图3-20)。

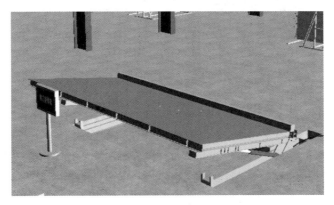

图 3-20　倾斜机

(2) 人工清理边模时,需要先用钢丝球或刮板去除模具内侧残留的混凝土及其他杂物,然后用电动打磨机打磨干净。

(3) 用钢铲将边模与边模、边模与模台拼接处的混凝土等残留物清理干净,保证组模时拼缝密合。

(4) 用电动打磨机等将边模上、下边沿混凝土等残留物清理干净,保证预制构件制作时厚度尺寸不产生偏差。

**5. 模台清理**

1) 固定模台清理

固定模台多为人工清理,根据模台状况可有以下几种清理方法。

（1）模台面的焊渣或焊疤，应使用角磨机上的砂轮布磨片打磨平整。

（2）模台面如有混凝土残留，应首先使用钢铲去除残留的大块混凝土，之后使用角磨机上的钢丝轮去除其余的残留混凝土。

（3）模台面有锈蚀、油泥时，应首先使用角磨机上钢丝轮进行大面积清理，之后用信纳水反复擦洗，直至模台清洁。

（4）模台面有大面积的凹凸不平或深度锈蚀时，应使用大型抛光机进行打磨（图 3-21）。

（5）模台有灰尘、轻微锈蚀时，应使用信纳水反复擦洗，直至模台清洁。

图 3-21　抛光机打磨

2）流动模台清理

清理流动模台时，多采用自动清扫设备（图 3-22）进行清理。

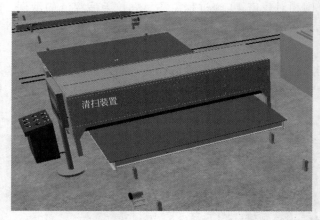

清扫装置

图 3-22　模台自动清扫设备

（1）流动模台进入清扫工位前，要提前清理掉残留的大块混凝土。

（2）流动模台进入清扫工位时，清扫设备自动下降紧贴模台，前端刮板铲除残余混凝土，后端圆盘滚刷扫掉表面存灰，与设备相连的吸尘装置自动将灰尘吸入收尘袋。

**6. 模具报验**

对于漏浆严重的模具，或导致预制构件变形（包括预制构件鼓胀、凹陷、过高、过低）的模具，应及时向质检人员提出模具检验，找出造成漏浆或变形的原因，并立即整改或修正模具。

# 3.5　构件存放与防护

## 3.5.1　安装构件信息标识的基本内容

为了便于在构件存储、运输、吊装过程中快速找到构件，利于质量追溯，明确各个环节的质量责任，便于生产现场管理，预制构件应有完整的明显标识。

构件标识包括文件标识、内埋芯片标识、二维码标识三种方式。这三种方式的内容依据均为构件设计图纸、标准及规范。

**1. 文件标识**

入库后和出厂前,PC构件必须进行产品标识,标明产品的各种具体信息。对于在成品构件上进行表面标识的,构件生产企业还应按照有关标准规定或合同要求,对供应的产品签发产品质量证明书,明确重要技术参数,对于有特殊要求的产品,应提供安装说明书。构件生产企业的产品合格证应包括合格证编号、构件编号、产品数量、预制构件型号、质量情况、生产企业名称、生产日期、出厂日期、质检员及质量负责人签字等。

标识中应包括生产单位、工程名称(含楼号)、构件编号(包含层号)、吊点(用颜色区分)、构件重量、生产日期、检验人以及楼板安装方向等信息(图3-23)。

| 工程名称 | | 生产日期 | |
|---|---|---|---|
| 构件编号 | | 检验日期 | |
| 构件重量 | | 检验人 | |
| 构件规格 | | | |

图 3-23　产品标识图

**2. 内埋芯片(RFID)标识**

为了在预制构件生产、运输存放、装配施工等环节保证构件信息跨阶段的无损传递,实现精细化管理和产品的可追溯性,应为每个PC构件编制唯一的"身份证"——ID识别码。并在生产构件时,在同一类构件的同一固定位置,置入内埋芯片(RFID)标识。这也是物联网技术应用的基础。

1)RFID技术定义

RFID技术是一种通过无线电信号对携带RFID标签的特定对象进行识别的技术,该技术可通过非接触的方式对物体的身份进行识别;读取其携带的信息;同时可对其信息进行修改与写入。相比于其他如磁卡、条形码、二维码等识别技术,射频识别技术具有诸多优点,包括使用方便、无须建立接触、识别速度快、穿透性极强、识别距离远、数据容量大、数据可改写、可工作于恶劣环境等。由于其具有诸多优点,目前射频识别技术已经广泛应用于供应链跟踪、证件识别、车辆识别、门禁识别、生产监控等多个领域,成为物联网发展与应用过程中的关键技术之一。

2)RFID应用

(1)生产管理:预制件生产完成时,使用RFID手持机读取电子标签数据,录入完成时间、完成数量、规格等信息,并同步到后台。

(2)出厂管理:在工厂大门内外安装RFID阅读器,将装载于车辆上的预制件标签进行读取,判断进出方向,与订单信息匹配,自动同步到后台。

(3)项目现场入场管理:在项目现场安装RFID阅读器,自动识读进入现场的预制件RFID标签数据,将信息同步到系统平台。

(4)堆场管理:在堆场安装RFID阅读器,对堆场预制件进行自动识读,监测其变化,自动同步到后台。

（5）安装管理：在塔式起重机上安装 RFID 阅读器，在塔式起重机对预制件进行吊装时，自动识读预制件标签，自动记录预制件安装时间。

（6）溯源管理：对已经安装好的预制件，通过 RFID 手持机进行单件识读，显示该预制件信息。竖向构件埋设在相对楼层建筑高度 1.5m 处，叠合楼板、梁等水平放置构件统一埋设在构件中央位置。芯片置入深度 3～5cm，且不宜过深。

3）二维码标识

对于混凝土预制构件生产企业所生产的每一个构件，应在显著位置进行唯一性标识，推广使用二维码标识，预制构件表面的二维码标识应清晰、可靠，以确保能够识别预制构件的"身份"（图 3-24）。

图 3-24　二维码标识

二维码标识信息应包括工程信息、基本信息、验收信息及其他信息。

（1）工程信息应包括工程名称、建设单位、施工单位、监理单位、预制构件生产单位。

（2）基本信息应包括构件名称、构件编号、规格尺寸、使用部位、质量、生产日期、钢筋规格型号、钢筋厂家、钢筋牌号、混凝土设计强度、水泥生产单位、混凝土用砂产地、混凝土用石子产地、混凝土外加剂使用情况等。

（3）检测验收信息应包括验收时混凝土强度、尺寸偏差、观感质量、生产企业验收责任人、驻厂监理（建设）单位验收责任人、驻厂施工单位验收责任人、质量验收结果。

（4）其他信息应包括预制构件现场堆放说明、现场安装交底、注意事项等其他信息。二维码粘贴简单，相对成本低，但易丢失；芯片成本高，埋设位置安全，不易丢失。

## 3.5.2　多层构件叠放要求

**1. 一般要求**

（1）预制构件支承的位置和方法应根据其受力情况确定，但不得超过预制构件承载力或引起预制构件损伤，且垫片表面应有防止污染构件的措施。

（2）异形构件宜平放，标志向外，堆垛高度应根据预制构件与垫木的承载能力、堆垛的稳定性及地基承载力等验算确定。

（3）堆垛应考虑整体稳定性，支垫木方应采用截面积为 15cm×25cm 的枕木，以增大接触面积。

**2. 阳台板**

（1）层间混凝土接触面采用 XPS 隔离，防止混凝土因刚性碰撞而产生损坏。

（2）L 形、一字形阳台板层间支垫枕木截面尺寸 15cm×25cm＋XPS 或柔性隔板（54cm＋3cm），支垫点应选择在距离构件端部，应避开洞口，且需上、下在同一垂直线上，层数不宜超过 3 层，L 形、一字形阳台板支垫点选择在距端部 1/3 位置。

（3）如框型阳台总长度超过 3m，要在阳台中间部位自下而上增加支垫点，防止构件发生挠曲变形，不同尺寸的阳台板不允许堆放在同一堆垛上。

**3. 楼梯**

（1）楼梯正面朝上，在楼梯安装点对应的最下面一层采用宽度为 100mm 的方木，通长垂直设置。同种规格依次向上叠放，层与层之间垫平，各层垫块或方木应放置在起吊点的正下方，堆放高度不宜大于 4 层。

（2）方木选用的长、宽、高分别为 200mm×100mm×100mm，每层放置 4 块，并垂直放置 2 层方木，应上、下对齐。

（3）每垛构件之间，其纵、横向间距不得小于 400mm。叠放图如图 3-25 所示。

图 3-25　预制楼梯堆放图

**4. 空调板**

（1）预制空调板叠放时，层与层之间垫平，各层垫块或方木（长、宽、高分别为 200mm×100mm×100mm）应放置在靠近起吊点（钢筋吊环）的里侧，分别放置 4 块，应上、下对齐，最下面一层支垫应通长设置，堆放高度不宜大于 6 层。

（2）标识放置在正面，不同板号应分别堆放，伸出的锚固钢筋应放置在通道外侧，以防行人碰伤，两垛之间将伸出锚固钢筋一端对立而放，其伸出锚固钢筋一端间距不得小于 600mm，另一端间距不得小于 400mm，堆放图如图 3-26 所示。

**5. 叠合梁**

（1）在叠合梁起吊点对应的最下面一层，应采用宽度为 100mm 的方木通长垂直设置，将叠合梁后浇层面朝上并整齐地放置；各层之间在起吊点的正下方放置宽度为 50mm 的通长方木，要求其方木高度不小于 200mm。

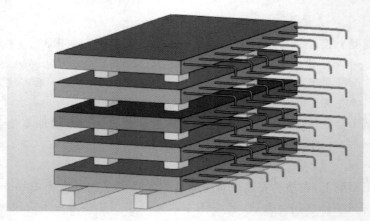

图 3-26    空调板堆放示意图

（2）层与层之间垫平，各层方木应上、下对齐，堆放高度不宜大于 4 层。

（3）每垛构件之间，在伸出的锚固钢筋一端间距不得小于 600mm，另一端间距不得小于 400mm。叠放图如图 3-27 所示。

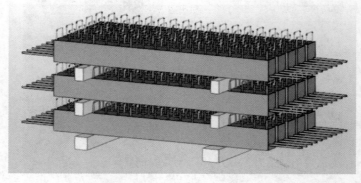

图 3-27    叠合梁叠放示意图

**6. 预制墙板**

（1）预制内、外墙板采用专用支架直立存放，吊装点朝上放置，支架应有足够的强度和刚度，在门窗洞口的构件薄弱部位，应用采取防止变形开裂的临时加固措施。

（2）L 形墙板应采用插放架堆放，方木在预制内、外墙板的底部通长布置，且放置在预制内、外墙板的 200mm 厚结构层下方，墙板与插放架空隙部分用方木插销填塞。

（3）一字形墙板应采用联排堆放，方木在预制内、外墙板的底部通长布置，且放置在预制内、外墙板的 200mm 厚结构层下方，上方通过调节螺杆固定墙板，如图 3-28 和图 3-29 所示。

**7. 叠合楼板**

（1）多层码垛存放构件，层与层之间应垫平，各层垫块或方木（长、宽、高分别为 200mm× 100mm×100mm）应上、下对齐。垫木放置在桁架侧边，板两端（至板端 200mm）及跨中位置均应设置垫木，且间距不大于 1.6m，最下面一层支垫应通长设置，并应采取防止堆垛倾覆的措施。

图 3-28 联排堆放示意图

图 3-29 插放架堆放示意图

（2）采取多点支垫时，一定要避免因边缘支垫低于中间支垫而形成过长的悬臂，导致因较大负弯矩而产生裂缝。

（3）不同板号应分别堆放，堆放高度不宜大于 6 层。每垛之间纵向间距不得小于 500mm，横向间距不得小于 600mm。堆放时间不宜超过 2 个月，如图 3-30 和图 3-31 所示。

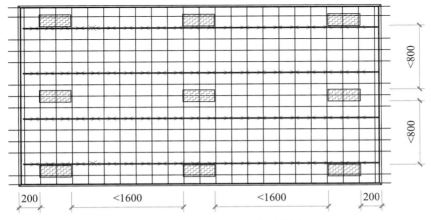

图 3-30 叠合板垫木摆放示意图

图 3-31　叠合板堆放图

**8. PCF 板**

（1）支架底座下方应全部用 20mm 厚橡胶条铺设。

（2）L 形 PCF 板应采用直立的方式堆放，PCF 板的吊装孔朝上且外饰面统一朝外，每块板之间水平间距不得小于 100mm，通过调节可移动的丝杆固定墙板。

（3）PCF 板应采用直立的方式堆放，PCF 板的吊装孔朝上且外饰面统一朝向，每块板之间水平间距不得小于 100mm，通过调节可移动的丝杆固定墙板，如图 3-32 和图 3-33 所示。

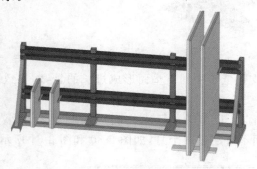

图 3-32　PCF 板堆放立面图

图 3-33　PCF 板摆放立面图

# 学习小结

## 复习思考题

1. 简述模具清理及脱模剂涂刷要求。

2. 简述模台画线、模具组装与校准的步骤和要求。

3. 简述预埋件固定及预留孔洞临时封堵的基本要求。

4. 简述钢筋间距设置、马凳筋设置、钢筋绑扎、垫块设置的基本要求。

5. 简述布料机布料操作的基本内容。

6. 简述夹心外墙板的保温材料布置和拉结件安装要求。

7. 简述养护窑构件出入库操作的基本要求，及构件脱模操作的基本要求。

# 第4章 装配式混凝土施工

## 学习目标

熟悉起重设备与吊具的相关知识及选用原则;掌握测量定位、放线的步骤和要求;掌握构件起吊、安装就位、校核与调整的步骤;掌握临时支撑的安装和调整步骤;掌握灌浆料的拌制及检测方法;掌握构件坐浆及灌浆操作的步骤和要求;掌握构件后浇节点混凝土的施工步骤和要求;掌握构件浆锚搭接连接、螺栓连接、焊接连接原理。

## 4.1 施工前的准备工作

**1. 施工现场准备的内容**

装配式建筑施工与现浇混凝土施工有很大的不同,现场的人员、起重机械设备、施工机具、吊具、场地道路等都应根据构件要求进行配置与准备。

1)施工现场人员

现场管理人员除应具备基本工程管理能力外,还应当熟悉装配式建筑施工工艺和安全吊装管理能力,能按照施工计划与构件生产商衔接,对现场作业进行调度和管理。

与现浇混凝土工艺相比,装配式混凝土施工现场常规作业人员大幅度减少,但新增了吊装作业人员、灌浆工等,测量放线人员的作业内容也有所变化。需要特别注意的是,信号员、起重机械驾驶员等都是特殊工种,必须持证上岗。

2)场地与道路

现场道路应满足大型构件进出场的要求如下。

(1)路面平整,应满足大型车辆转弯半径的要求和荷载要求。

(2)有条件的施工现场应设两个门,一个进,一个出。

(3)工地也可使用挂车运输构件,将挂车车厢运到现场存放,车头开走。构件直接从车上吊装,这样可以避免构件二次驳运,不需要存放场地,也减少了起重机的工作量。

在装配式建筑的安装施工过程中,建议构件直接从车上吊装,这样将大大提高工作效率。但很多城市对施工车辆在部分时间段内限行,工地不得不准备构件临时堆放场地。

临时堆放场地应安排在起重机作业半径覆盖范围内,这样可以避免二次搬运;场地地面要求平整、坚实,有良好的排水措施。如果要把构件存放到地下室顶板或已经完工的楼层上,必须征得设计人员的同意,楼盖承载力满足堆放要求;场地布置应考虑构件之间的人行通道,方便现场人员作业,道路宽度不宜小于 600mm。

**2. 施工组织准备的内容**

装配式建筑施工需要工厂、施工企业及其他委托加工企业和监理单位密切配合,由于制约因素多,因此需要制订一份周密、详细的施工组织设计。应对不同建筑结构体系编制有针对性的预制构件吊装施工方案,并应符合国家和地方等相关施工质量验收标准和规范的要求。

施工组织设计除应包含普通现浇混凝土该有的内容外,应根据工程总工期确定装配式建筑的施工进度、质量、安全及成本目标;编制施工进度总计划时,应考虑施工现场条件、起重机工作效率、构件工厂供货能力、气候环境情况和施工企业人员、设备、材料的能力等条件。需要明确的结构吊装施工和支撑体系施工方案,可以利用 BIM 技术模拟推演,确定预制构件的施工衔接原则和顺序;在编制施工方案时,应考虑与传统现浇混凝土施工之间的交叉作业,尽可能做到两种施工工艺之间的相互协调与匹配。

**3. 施工安全条件相关知识**

除现浇混凝土工程所需的施工安全措施外,装配式混凝土施工还需注意以下安全条件:参与装配式建筑安装作业的所有人员应进行系统、全面的安全培训,培训合格后才能上岗;装配式建筑施工作业各个环节都应编制安全操作规程,在施工前,应进行书面安全技术交底;要注意运送构件的道路、卸车场地应平整、坚实,满足使用要求;在构件吊装作业区域,应设置临时隔离和醒目的标识;构件安装后的临时支撑,应采用专业厂家的设施。

**4. 构件进场质量检查的相关知识**

预制构件到达现场后,现场质量人员应对构件以及其配件进行检查验收,包括数量核实、规格型号核实和外观质量检验,还应检查配件的质量证明文件或质量验收记录。

一般情况下,预制构件直接从车上吊装,所以数量、规格、型号的核实和质量检验在车上进行,检验合格后,可以直接吊装。即使不直接吊装,将构件卸到工地堆场,也应当在车上进行检验,一旦发现不合格,就可以直接运回工厂处理。

预制构件质量证明文件包括以下内容。

(1) 预制构件产品合格证明书。

(2) 混凝土强度检验报告、钢筋进场复验报告。

(3) 保温材料、拉结件、套筒等主要材料进场复验报告。

(4) 预制构件隐蔽工程质量验收表。

(5) 其他重要的检验报告。

预制构件进场时,应对构件的外观质量进行全数检查。预制构件的外观不应有严重缺陷,且不应有影响结构性能和安装、使用功能的尺寸偏差,不宜有一般缺陷。对已出现的一般缺陷,应按技术方案进行处理,并应重新检验。

同时,应对预制构件的外观尺寸及预埋件位置进行检查。同一类构件,以不超过 100 个为一批次,每批次抽查数量的 5%,且不少于 3 个。预制构件尺寸偏差、预埋件允许偏差及检验方法在 5.1 节"质量检查"中作详细介绍。

带外装饰面的预制构件,要求外装饰面砖的图案、分格、色彩、尺寸等应符合设计要求,且表面平整,接缝顺直,接缝宽度和深度应符合设计要求。这部分内容将在 5.2 节详细叙述。

**5. 安装条件复核的相关知识**

预制构件安装施工前,应当对前道工序的质量进行检查,确认具备安装条件时,才可以进行构件安装。

1）现浇混凝土伸出钢筋位置与数量校验

应检查现浇混凝土伸出钢筋的位置、长度是否正确。如果现浇混凝土伸出钢筋位置出现偏差，很可能会导致构件无法安装。若在简单调整后依然出现无法安装，现场施工人员不可自行决定如何处理，更不得擅自直接截除钢筋，这样做会给结构造成安全隐患。应当由设计人员和监理共同给出处理方案。目前常见的较为稳妥的方案是将混凝土凿除一定深度，通过机械来调整钢筋。

校直工地现场偏斜钢筋时，禁止使用电焊加热或者气焊加热的方法。

2）构件连接部位标高和表面平整度检查

构件安装连接部位表面标高应当在误差允许范围内，如果标高偏差较大，或表面出现较大倾斜，会影响上部构件安装的平整度和水平缝灌浆厚度的均匀性，必须经过处理后才能进行构件安装。

3）连接部位混凝土质量检查

检查连接部位混凝土是否存在酥松、孔洞、蜂窝等情况，如果存在，须经过凿除、清理、补强处理后才能进行吊装。

4）外挂墙板在主体结构上的连接节点检查

检查外挂墙板在主体结构上的连接节点的位置是否在允许误差范围内，如果误差过大，墙板将无法安装，需要进行调整。调整的方法可以采取增加垫板或调整连接件孔眼尺寸大小等。

**6. 现场与设备安全检查**

为了确保吊装施工顺利、有序、高效地实施，预制构件吊装前，应对现场作业环境和吊装设备进行安全检查。

1）施工环境安全检查

（1）确认目前吊装所用的预制构件已按计划要求进场和验收，构件堆放的位置和吊车吊装线路正确、合理。

（2）确认预制构件堆放位置相对于吊装位置正确，避免后续构件移位。

（3）明确吊装顺序。

（4）确认现场施工指挥人员、信号员、吊车司机均已准备就绪，确认信号指示方法。

（5）吊装前，应对以下部位作最后确认：建筑物总长、纵向和横向的尺寸及标高，现浇混凝土预留钢筋、预埋件位置及高度，用于测量吊装精度的基准线位置。

2）施工设备构件安全检查

（1）对机械器具进行检查的要点如下。

① 检查试用塔式起重机，确认其可正常运行。

② 准备吊装架、吊索等吊具，检查吊具，特别是检查绳索是否有破损，吊钩卡环是否有问题等。

③ 所准备的牵引绳等辅助工具和材料满足吊装施工需要。

④ 对于柱、剪力墙板等竖直构件，安好并调整标高的支垫（在预埋螺母中旋入螺栓，或在设计位置安放金属垫块），准备好斜支撑部件，检查斜支撑地锚。

⑤ 对于叠合楼板、梁、阳台板、挑檐板等水平构件，架立好竖向支撑。

（2）对预制构件吊点、吊具检查的要点如下：预制构件起吊时的吊点合力应与构件重心在一条铅垂线上；较长的构件，如预制梁、墙等可采用可调式横梁进行吊装就位；预制构件尽量采用标准吊具,吊具目前采用的预埋吊环和内置式连接钢套筒形式较多。

**7. 构件质量检查**

1) 预制构件进场检查要点

(1) 一般预制构件应在进场卸车前进行质量检查,对特殊形状的构件或特别要注意的构件,应放置在台架上进行检查。

(2) 验收内容包括构件的外观、尺寸,预埋件,连接部位的处理等。

(3) 预制构件验收由质量员和监理共同完成,要求全数检查,施工单位可以根据构件生产商提供的质量证明文件核验,也可以根据项目计划书编写的质量要求检查表进行验收。

(4) 构件不允许出现影响结构、防水和外观的裂缝、破损、变形等情况。

(5) 预制构件的质量证明文件检查属于主控项目,必须认真检查。

2) 预制构件进场检查方法

预制构件进场后的检查包括外观检查和几何尺寸检查两部分。外观检查项目包括预制构件的裂缝、破损、变形等项目。其检查方法一般以目测为主,必要时可采用相应的仪器设备进行辅助检查。预制构件的几何尺寸检查项目包括构件长度、宽度、高度或厚度以及对角线等。对于预埋件、预留钢筋、一体化预制的窗户等构配件,也应认真检查,其检查方法一般采用钢尺量测。外观检查和几何检查频率及合格与否的判断标准详见第 6 章。

**8. 安装条件复核**

(1) 检查构件套筒或浆锚孔是否堵塞。当套筒、预留孔内有杂物时,应及时清理干净。用手电筒补光检查,如发现异物,可用高压气体或钢筋将异物清理掉。

(2) 伸出钢筋采用机械套筒连接时,须在吊装前在伸出钢筋端部套上套筒。

(3) 准备外挂墙板安装节点连接部件时,如果需要水平牵引,牵引葫芦吊点设置、工具应准备妥当等。

(4) 预制构件安装位置的混凝土应清理干净,不能存在颗粒状物质,以免影响预制构件节点的连接性能。

(5) 检查预埋件、预留钢筋的位置与数量。

(6) 楼面预制构件外侧边缘可预先粘贴止水泡沫棉条,用于封堵水平接缝外侧,为后续灌浆施工作业做准备。

**9. 技术与人员准备**

施工单位应在施工前编制详细的装配式结构专项施工方案,对作业人员进行安全技术交底,确认现场从事特种作业的人员都持证上岗,灌浆施工人员都已进行专项培训,并考试合格。

# 4.2 构 件 安 装

## 4.2.1 竖向构件吊装施工

教学视频:现场
吊装准备

**1. 预制柱吊装、校核与调整**

1) 确定预制框架柱吊装施工工艺流程

预制框架柱进场、验收→按图纸要求放线→安装吊具→预制框架柱扶直→预制框架柱吊装→预留钢筋就位→水平调整、竖向校正→斜支撑固定→摘钩。

2）预制柱吊点位置与吊索使用

预制柱采用一点竖向起吊,单个吊点位于柱顶中央,由生产厂家预留。现场采用单腿锁具吊住预制柱吊点,逐步移向拟定位置,柱子拴牵引绳,以便人工辅助柱就位,如图 4-1 所示。

图 4-1　预制柱安装就位

3）柱就位、校核与调整

根据预制柱平面纵、横两轴线的控制线和柱子的边框线,校核预制柱中预埋钢套管位置的偏移情况,并做好记录。

吊装前,应在柱四角放置金属垫块,以利于预制柱的垂直度校正,按设计标高对柱子高度偏差进行复核,若预制柱位置有小距离偏移,可用汽车吊或千斤顶等进行调整。

用经纬仪控制垂直度,若有少许偏差,可用斜支撑进行调整。

预制框架柱初步就位时,应将预制柱下部钢筋套筒与下层预制柱的预留钢筋初步试对,无问题后准备进行固定。

**2. 预制剪力墙吊装、校核与调整**

1）确定预制剪力墙吊装施工工艺流程

预制剪力墙进场、验收→按图纸要求放线→安装吊具→预制剪力墙扶直→预制剪力墙吊装预留钢筋插入就位→水平调整、竖向校正→斜支撑固定→摘钩。

2）预制剪力墙吊点位置与吊索使用

预制剪力墙采用两点吊,预制剪力墙两个吊点分别位于墙顶两侧 0.2L 墙长位置,由构件生产厂家预留。

3）预制剪力墙就位

认真做好吊装前的器具准备、弹线工作,仔细检查安装部位情况,填写施工准备情况登记表,施工现场负责人检查核对签字后方可开始吊装。

（1）吊装。吊装时，采用带倒链的扁担式吊装设备，加设牵引绳，以控制墙体在空中的姿态，如图 4-2 所示。

图 4-2　预制剪力墙吊装

顺着吊装前所弹墨线缓缓下放墙板，在吊装经过的区域下方设置警戒区，施工人员应撤离，由信号工指挥，就位时，待构件下降至作业面 1m 左右高度时，施工人员方可靠近操作，以保证操作人员的安全。

墙板下放好金属垫块，垫块保证墙板底标高的准确，也可提前在预制墙板上安装定位角码，顺着定位角码的位置安放墙板，如图 4-3 所示。

图 4-3　墙板角码固定

若墙板底部局部套筒未对准，可使用倒链将墙板手动微调，重新对孔。

对于底部没有灌浆套筒的外填充墙板，直接顺着角码缓缓放下墙体。垫板造成的空隙可以用坐浆方式填补。为防止坐浆料填充到外叶板之间，在苯板处补充 50mm×20mm 的保温板（或橡胶止水条）堵塞缝隙，如图 4-4 所示。

（2）安放斜撑。墙板垂直坐落在准确位置后，使用激光水准仪复核水平是否有偏差，无

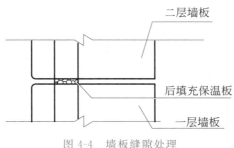

图 4-4　墙板缝隙处理

误差后,利用预制墙板上的预埋螺栓和地面后置膨胀螺栓(将膨胀螺栓在环氧树脂内蘸下,立即打入地面)安装斜支撑杆,用测尺检测预制墙体垂直度及复测墙顶标高后,利用斜撑杆调节好墙体的垂直度,方可松开吊钩。在调节斜撑杆时,必须有两名工人同时间、同方向进行操作,如图 4-5 所示。

图 4-5　预制剪力墙支撑调节

斜撑杆调节完毕后,再次校核墙体的水平位置和标高、垂直度,相邻墙体的平整度。其检查工具包括经纬仪、水准仪、靠尺、水平尺(或软管)、铅锤、拉线等。

**3. 预制混凝土外挂墙板吊装、校核与调整**

1)确定预制外挂墙板吊装施工工艺流程

预制外挂墙板进场、验收→按图纸要求放线→安装固定件→安装预制外挂墙板→螺栓固定→缝隙处理→完成安装。

2)预制外挂墙板吊点位置与吊索使用

预制外挂墙板与预制剪力墙板一样,也采用两点吊,吊点分别位于墙顶两侧 0.2L 墙长位置,如图 4-6 所示。

3)预制外挂墙板就位

(1)外挂墙板施工前需要做以下准备工作。

结构每层楼面轴线垂直控制点不应少于 4 个,楼层上的控制轴线应使用经纬仪由底层原始点直接向上引测;每个楼层应设置 1 个高程控制点;预制构件控制线应由轴线引出,每

图 4-6 预制外挂墙板吊装

块预制构件应有 2 条纵、横控制线；安装预制外墙挂板前，应在墙板内侧弹出竖向线与水平线，安装时，应与楼层上该墙板控制线相对应。当采用饰面砖外装饰时，饰面砖竖向、横向砖缝应引测，贯通到外墙内侧来控制相邻板与板之间、层与层之间饰面砖砖缝对直；预制外挂墙板垂直度测量，4 个角留设的测点为预制外挂墙板转换控制点，用靠尺以此 4 点在内侧进行垂直度校核和测量；应在预制外挂墙板顶部设置水平标高点，在上层预制外挂墙板吊装时，应先垫垫块，或在构件上预埋标高控制调节件。

（2）外挂墙板吊装时，应做好以下工作。

预制构件应按照施工方案吊装顺序预先编号，严格按照编号顺序起吊；吊装应采用慢起、稳升、缓放的操作方式，应系好缆风绳控制构件转动；在吊装过程中，应保持稳定，不得偏斜、摇摆和扭转。

预制外挂墙板的校核与偏差调整，应按以下要求进行。

① 预制外挂墙板侧面中线及板面垂直度的校核，应以中线为主调整。

② 预制外挂墙板上、下校正时，应以竖缝为主调整。

③ 墙板接缝应以满足外墙面平整为主，内墙面不平或翘曲时，可在内装饰或内保温层内调整。

④ 预制外挂墙板山墙阳角与相邻板的校正，以阳角为基准调整。

⑤ 预制外挂墙板拼缝平整的校核，应以楼地面水平线为准调整。

**4. 预制内隔墙板吊装、校核与调整**

1）确定预制内隔墙板吊装施工工艺流程

预制内隔墙板进场、验收→放线→安装固定件→安装预制内隔墙板→灌浆→粘贴网格布→勾缝→完成安装。

2）预制内隔墙板吊点位置与吊索使用

预制内隔墙板也采用两点吊，用铁扁担进行吊装，吊点分别位于墙顶两侧 $0.2L$ 墙长位置，如图 4-7 所示。

图 4-7 预制内隔墙板吊装

3）预制内隔墙板就位

对照图纸在现场弹出轴线及控制线,并按排板设计标明每块板的位置。

预制构件应按照施工方案吊装顺序预先编号,严格按照编号顺序起吊,吊装前在底板测量、放线,也可提前在墙板上安装定位角码。

将安装位洒水调湿,在地面上、墙板下放好垫块,垫块保证墙板底标高正确,垫板造成的空隙可用坐浆方式填补,坐浆的具体技术要求同外墙板的坐浆。

起吊内墙板时,应沿着所弹墨线缓缓下放,直至坐浆密实,复测墙板水平位置是否有偏差,确定无偏差后,安装斜支撑杆,复测墙板顶标高后方可松开吊钩。

利用斜撑杆调节墙板垂直度,调整方法与剪力墙一样,刮平并补齐底部缝隙的坐浆。

复核墙体的水平位置和标高、垂直度以及相邻墙体的平整度。

## 4.2.2 水平构件吊装施工

**1. 预制梁吊装、校核与调整**

1）确定预制梁吊装施工工艺流程

预制梁进场、验收→按图放好梁并搁置柱头边线→设置梁底支撑→预制梁起吊→预制梁安放就位→预制梁微调→摘钩。

2）预制梁吊点位置与吊具、吊索使用

预制梁采用两点吊,两个吊点分别位于梁顶两端距离 $0.2L$ 梁长位置,吊点由构件生产厂家留设。

现场吊装采用双腿锁具或用铁扁担梁吊住两个吊点逐步移向拟定位置,人工通过预制梁顶绳索辅助梁就位,如图 4-8 所示。

图 4-8  预制框架梁吊装

3）预制梁安装就位

（1）弹出控制线：用水平仪抄测出柱顶与梁底标高误差，然后在柱子上弹出梁边线控制线。

（2）标注编号：在构件上标明每个构件的吊装顺序和编号，便于吊装人员辨认。

（3）安放梁底支撑：梁底支撑采用立杆支撑＋可调顶托＋100mm×100mm 木方，预制梁的标高通过支撑体系的顶丝来调节，如图 4-9 所示。

图 4-9  预制框架梁底独立支撑

（4）梁的吊装：梁起吊时，用双腿锁具或吊索钩住扁担梁的吊环，吊索应有足够的长度，以保证吊索和扁担梁或吊索与梁之间的角度超过 45°。

当梁初步就位后，两侧借助柱头上的梁定位线将梁精确校正，在调平的同时，将下部可调支撑上紧，这时方可松去吊钩。

主梁吊装结束后,根据柱上已放出的梁边和梁端控制线,检查主梁上的次梁缺口位置是否正确,如不正确,做相应处理后,方可吊装次梁,梁要按柱对称进行吊装。

**2. 预制楼板吊装、校核与调整**

1) 确定预制楼板施工工艺流程

预制楼板进场、验收→按图放好板搁置点的边线→设置楼板底支撑→预制楼板吊装→预制楼板安放就位→预制楼梯微调定位→摘除吊具。

2) 预制楼梯吊点位置与吊具、吊索使用

应合理设置预制楼板的吊点位置,采用框架横担梁或四腿锁具起吊,吊装就位时,应保持垂直平稳,吊索与板水平面夹角宜在 45°～60°。预制楼板吊装如图 4-10 所示。

图 4-10 预制楼板吊装

3) 预制楼板安装就位

吊装前,应在每条吊装完成的梁或墙上测量,并弹出相应预制板四周控制线,在构件上标明每个构件所属的吊装顺序和编号,便于吊装人员辨认。

在叠合板两端部位设置临时可调节支撑杆时,预制楼板的支撑设置应符合以下要求。

(1) 支撑架体应具有足够的承载能力、刚度和稳定性,应能可靠地承受混凝土构件的自重和施工过程中所产生的荷载及风荷载。

(2) 确保支撑系统的间距及距离墙、柱、梁边的净距应符合系统验算要求,上、下层支撑应在同一直线上。板下支撑间距不大于 3.3m,当支撑间距大于 3.3m 且板面施工荷载较大时,跨中需在预制板中间加设支撑。

应在可调托撑上架设木方,调节木方顶面至板底设计标高达到要求后,开始吊装预制楼板。

吊装应按顺序连续进行,板吊至柱上方 3～6cm 后,调整板的位置,使锚固筋与梁箍筋错开,便于就位,板边线基本与控制线吻合。将预制楼板坐落在木方顶面,及时检查板底与预制叠合梁的接缝是否到位,预制楼板钢筋入墙或入梁长度是否符合要求,直至吊装完成,如图 4-11 所示。现行规范也允许叠合板四边不出筋,那样安装又方便了很多。

图 4-11 叠合楼板缝隙调整

当跨叠合板吊装结束后,要根据叠合板四周边线及板柱上弹出的标高控制线对板标高及位置进行精确调整,误差应控制在 2mm 以内。

## 4.2.3 特殊构件吊装施工

**1. 预制楼梯吊装、校核与调整**

1) 确定预制楼梯吊装施工工艺流程

预制楼梯进场、验收→按图放好板搁置点的控制线→预制楼梯吊装→预制楼梯安放就位→预制楼梯微调→吊具摘除。

2) 预制楼梯板吊点位置与吊具、吊索使用

预制楼梯采用四点吊,配合倒链下落就位,调整索具铁链长度,使楼梯段休息平台处于水平位置,试吊预制楼梯板,检查吊点位置是否准确,吊索受力是否均匀等;试吊高度不应超过 1m。

3) 预制楼梯安装就位

楼梯间周边梁板叠合后,测量并弹出相应楼梯构件端部和侧边的控制线。

将楼梯吊至梁上方 30~50cm 后,调整楼梯位置,使上、下平台锚固筋与梁箍筋错开,板边线基本与控制线吻合。

用就位协助设备等将构件根据控制线精确就位,先保证楼梯两侧准确就位,再使用水平尺和导链调节楼梯水平,最后缓缓放下楼梯。预制楼梯吊装如图 4-12 所示。

**2. 预制阳台、空调板构件安装**

1) 预制阳台、飘窗、空调板吊装施工工艺流程

预制构件进场、验收→按图放好构件搁置点的控制线→临时支撑搭设→预制构件吊装→预制构件安放就位→预制构件微调→吊具摘除。

图 4-12　预制楼梯吊装

2）预制构件吊点位置与吊具、吊索使用

预制阳台板、空调板等采用四点吊，配合倒链下落就位，调整索具铁链长度，使预制阳台、休息平台处于水平位置，试吊阳台、飘窗、空调板，检查吊点位置是否准确，吊索受力是否均匀等，试吊高度一般不超过 1m。预制阳台吊装如图 4-13 所示。

图 4-13　预制阳台吊装

3）阳台板、飘窗、空调板吊装就位

根据控制线确定预制构件的水平、垂直位置，将位置控制线弹在剪力墙上，然后搭设支撑，检查支座顶面标高及支撑面平整度。当预制构件吊至设计位置上方 30～60cm 后，调整位置，使锚固筋与已完成结构预留钢筋错开，便于构件就位。使构件边界基本与控制线吻合，缓缓放下构件就位。

吊装完成后，应对板底接缝高差进行校核，如果板底接缝高差不满足设计要求，应将构件重新起吊，通过可调托座进行调节。

#### 4.2.4 工完料清

预制构件吊装完成后,应及时将吊具、吊索及其他辅助机器具拆除、收整、归还仓库。对于钢丝绳,还应检查是否出现损伤、硬折角等。

## 4.3 构件连接

### 4.3.1 灌浆套筒连接原理及工艺

钢筋灌浆套筒连接是在金属套筒内灌注水泥基浆料,将钢筋对接连接所形成的机械连接接头。钢筋套筒灌浆是施工的关键,直接影响到装配式建筑的结构安全。因此,施工前,应编制专项施工方案,并对操作工人进行技术交底和专业培训,培训合格后方可上岗。

灌浆工艺流程如下:灌浆准备工作→接缝封堵及分仓→灌浆料制备→灌浆→灌浆后节点保护。

**1. 竖向构件钢筋灌浆套筒连接原理**

将带肋钢筋插入套筒,向套筒内灌注无收缩或微膨胀的水泥基灌浆料,充满套筒与钢筋之间的间隙,灌浆料硬化后,与钢筋的横肋和套筒内壁凹槽或凸肋紧密齿合,使钢筋连接后所受外力能够有效传递。

在实际应用竖向预制构件时,通常将灌浆连接套筒现场连接端固定在构件下端部模板上,另一端即预埋端的孔口安装密封圈,将构件内预埋的连接钢筋穿过密封圈插入灌浆连接套筒的预埋端,套筒两端侧壁上灌浆孔和出浆孔分别引出两条灌浆管和出浆管连通至构件外表面,预制构件成型后,套筒下端为连接另一构件钢筋的灌浆连接端。在现场安装构件时,应将另一构件的连接钢筋全部插入该构件上对应的灌浆连接套筒内,从构件下部各个套筒的灌浆孔向各个套筒内灌注高强灌浆料,至灌浆料充满套筒与连接钢筋的间隙,从所有套筒上部出浆孔流出,灌浆料凝固后,即形成钢筋套筒灌浆接头,从而完成两个构件之间的钢筋连接。

**2. 竖向构件钢筋灌浆套筒连接工艺**

钢筋套筒灌浆的连接分两个阶段进行,第一阶段在预制构件加工厂,第二阶段在结构安装现场。

预制剪力墙、柱在工厂预制加工阶段,是将一端钢筋与套筒进行连接或预安装,再与构件的钢筋结构中其他钢筋连接固定,套筒侧壁接灌浆管、排浆管并引到构件模板外,然后浇筑混凝土,将连接钢筋、套筒预埋在构件内。其连接钢筋和套筒的布置如图4-14所示。

**3. 水平构件钢筋灌浆套筒连接原理**

钢筋灌浆套筒连接是将带肋钢筋插入套筒,连接和传力方式与竖向构件原理相同,即灌浆料硬化后与钢筋的横肋和套筒内壁凹槽或凸肋紧密啮合,能够实现两根钢筋连接后所受外力的有效传递。

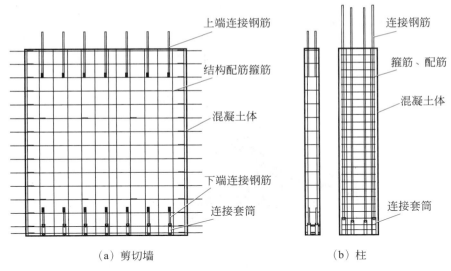

(a) 剪切墙　　　　　　　　　　(b) 柱

图 4-14　剪力墙、柱接头及布筋示意图

　　套筒灌浆连接水平钢筋时,应事先将灌浆套筒安装在一端钢筋上,两端连接钢筋就位后,将套筒从一端钢筋移动到两根钢筋中部,两端钢筋均插入套筒达到规定的深度,再从套筒侧壁通过灌浆孔注入灌浆料,至灌浆料从出浆孔流出,灌浆料充满套筒内壁与钢筋的间隙,灌浆料凝固后,即将两根水平钢筋连接在一起。

　　**4. 水平构件钢筋灌浆套筒连接工艺**

　　在工厂预制加工阶段,预制梁只预埋连接钢筋。在结构安装阶段,连接预制梁时,将套筒套在两构件的连接钢筋上,向每个套筒内灌注浆料并静置到浆料硬化,梁的钢筋连接即结束,如图 4-15 所示。

图 4-15　预制梁钢筋灌浆套筒连接

### 4.3.2 灌浆套筒连接材料

钢筋套筒连接接头由带肋钢筋、套筒和灌浆料三部分组成,如图 4-16 所示。

图 4-16　钢筋灌浆套筒接头组成

**1. 连接钢筋**

《钢筋连接用灌浆套筒》(JG/T 398—2019)规定了灌浆套筒适用直径为 12～40mm 的热轧带肋或余热处理钢筋。

**2. 灌浆套筒**

钢筋套筒灌浆连接接头采用的套筒应符合《钢筋连接用灌浆套筒》(JG/T 398—2019)的规定。

1) 灌浆套筒分类

灌浆套筒按加工方式分为铸造灌浆套筒和机械加工灌浆套筒,如图 4-17 所示。

（a）铸造灌浆套筒　　　（b）机械加工灌浆套筒

图 4-17　灌浆套筒按加工方式分类

灌浆套筒按结构形式分为全灌浆套筒和半灌浆套筒。全灌浆套筒接头两端均采用灌浆方式连接钢筋,适用于竖向构件(墙、柱)和横向构件(梁)的钢筋连接,如图 4-18 所示。

半灌浆套筒接头一端采用灌浆方式连接,另一端采用非灌浆方式(通常采用螺纹连接)

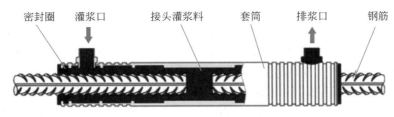

图 4-18　全灌浆套筒

连接钢筋,主要适用于竖向构件(墙、柱)的连接,如图 4-19 所示。半灌浆套筒按非灌浆一端连接方式还分为直接滚轧直螺纹灌浆套筒、剥肋滚轧直螺纹灌浆套筒和镦粗直螺纹灌浆套筒。

  2)灌浆套筒型号

  灌浆套筒型号由名称代号、分类代号、主参数代号和产品更新变型代号组成。灌浆套筒主参数为被连接钢筋的强度级别和直径。灌浆套筒型号表示如图 4-20 所示。

  例如,GTZQ440 表示采用铸造加工的全灌浆套筒,连接标准屈服强度为 400MPa、直径 40mm 的钢筋。

  GTJB536/32A 表示采用机械加工方式加工的剥肋滚轧直螺纹灌浆套筒,第一次变型,连接标准屈服强度为 500MPa 的钢筋,灌浆端连接直径为 36mm 的钢筋,非灌浆端连接直径为 32mm 的钢筋。

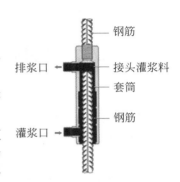

图 4-19　半灌浆套筒

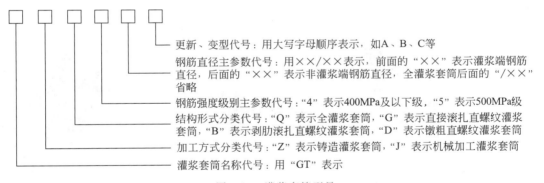

  更新、变型代号:用大写字母顺序表示,如A、B、C等
  钢筋直径主参数代号:用××/××表示,前面的"××"表示灌浆端钢筋直径,后面的"××"表示非灌浆端钢筋直径,全灌浆套筒后面的"/××"省略
  钢筋强度级别主参数代号:"4"表示400MPa及以下级,"5"表示500MPa级
  结构形式分类代号:"Q"表示全灌浆套筒,"G"表示直接滚扎直螺纹灌浆套筒,"B"表示剥肋滚扎直螺纹灌浆套筒,"D"表示镦粗直螺纹灌浆套筒
  加工方式分类代号:"Z"表示铸造灌浆套筒,"J"表示机械加工灌浆套筒
  灌浆套筒名称代号:用"GT"表示

图 4-20　灌浆套筒型号

  3)灌浆套筒内径与锚固长度

  灌浆套筒灌浆端的最小内径与连接钢筋公称直径的差值不宜小于表 4-1 规定的数值,用于钢筋锚固的深度不宜小于插入钢筋公称直径的 8 倍。

表 4-1　灌浆套筒内径最小尺寸要求　　　　　　　　　　　　　　单位:mm

| 钢筋直径 | 灌浆套筒灌浆端最小内径与连接钢筋公称直径差的最小值 |
| --- | --- |
| 12~25 | 10 |
| 28~40 | 15 |

### 3. 灌浆料

钢筋连接用套筒灌浆料是以水泥为基本材料，配以细骨料以及混凝土外加剂和其他材料组成的干混料，加水搅拌后，应具有良好的流动性、早强、高强、微膨胀等性能，填充于套筒和带肋钢筋间隙内，简称为"套筒灌浆料"。

灌浆料使用注意事项如下：灌浆料是通过加水拌合均匀后使用的材料，不同厂家的产品配方设计不同，虽然都可以满足《钢筋连接用套筒灌浆料》(JG/T 408—2019)所规定的性能指标，却具有不同的工作性能，对环境条件的适应能力不同，灌浆施工的工艺也会有所差异。

为了确保灌浆料使用时达到其产品设计指标，具备灌浆连接施工所需要的工作性能，并能最终顺利地灌注到预制构件的灌浆套筒内，实现钢筋的可靠连接，操作人员需要严格掌握并准确执行产品使用说明书规定的操作要求。

## 4.3.3 灌浆料拌制施工检测工具

### 1. 灌浆设备

灌浆设备分为电动和手动两种。

（1）电动灌浆设备的工作原理及特点见表4-2。

表 4-2　电动灌浆设备的工作原理及特点

| 产品 | 泵管挤压灌浆泵 | 螺杆灌浆泵 | 气动灌浆器 |
|---|---|---|---|
| 工作原理 | 泵管挤压式 | 螺杆挤压式 | 气压式 |
| 示意图 | | | |
| 特点 | 流量稳定，快速慢速可调，适合泵送不同黏度灌浆料。故障率低，泵送可靠，可设定泵送极限压力。使用后需要认真清洗，防止浆料固结堵塞设备 | 适合低黏度、骨料较粗的灌浆料灌浆。体积小，质量轻，便于运输。螺旋泵胶套寿命有限，骨料对其磨损较大，需要更换。扭矩偏低，泵送力量不足。不易清洗 | 结构简单，清洗简单。没有固定流量，需配气泵使用，最大输送压力受气泵压力制约，不能应对需要较大压力灌浆的场合。要严防压力气体进入灌浆料和管路中 |

（2）手动灌浆设备见图4-21，适用于单仓套筒灌浆、制作灌浆接头，以及水平缝连通腔不超过30cm的少量接头灌浆、补浆施工。

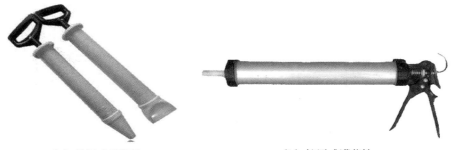

　　（a）推压式灌浆枪　　　　　　　　　　（b）按压式灌浆枪

图 4-21　单仓灌浆用手动灌浆枪

**2. 灌浆料称量检验工具**

　　灌浆料称量检验工具如表 4-3 所示。

表 4-3　灌浆料称量检验工具

| 工作项目 | 工具名称 | 规 格 参 数 | 照　　　片 |
|---|---|---|---|
| 流动度检测 | 圆截锥试模 | 上口×下口×高：$\phi70×\phi100×60$mm | |
| | 钢化玻璃板 | 长×宽×厚：500mm×500mm×6mm | |
| 抗压强度检测 | 试块试模 | 长×宽×高：40mm×40mm×160mm 三联 | |
| 施工环境及材料的温度检测 | 测温计 | — | |
| 灌浆料、拌合水称重 | 电子秤 | 30～50kg | |
| 拌合水计量 | 量杯 | 3L | |

续表

| 工作项目 | 工具名称 | 规格参数 | 照 片 |
|---|---|---|---|
| 灌浆料拌合容器 | 平底金属桶（最好为不锈钢制） | $\phi 300 \times H400,30L$ | |
| 灌浆料拌合工具 | 电动搅拌机 | 功率：1200～1400W；转速：0～800r/min 可调；电压：单相 220V/50Hz；搅拌头：片状或圆形花篮式 | |

**3. 应急设备**

（1）高压水枪（图 4-22）：用于冲洗灌浆不合格的构件及灌浆料填塞部位。

（2）柴油发电机（图 4-23）：大型构件灌浆时突然停电，可给电动灌浆设备应急供电。

图 4-22　高压水枪

图 4-23　柴油发电机

## 4.3.4　单套筒灌浆操作的步骤和要求

**1. 灌浆施工工艺流程**

图 4-24 所示为现场预制构件灌浆连接施工作业工艺。

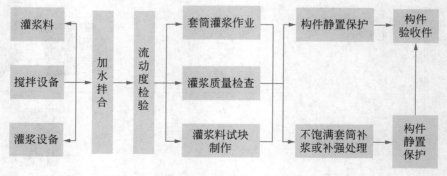

图 4-24　现场预制构件灌浆连接施工作业工艺

**2. 套筒灌浆操作要求**

钢筋水平连接时,应采用全灌浆套筒连接,灌浆套筒各自独立灌浆。灌浆作业应采用压浆法,从灌浆套筒一侧灌浆孔注入,当拌合物在另一侧出浆孔流出时,应停止灌浆。套筒灌浆孔、出浆孔应朝上,保证灌满后浆面高于套筒内壁最高点。

预制梁和既有结构现浇部分的水平钢筋采用套筒灌浆连接时,施工措施应符合下列规定。

(1) 连接钢筋的外表面应标记插入灌浆套筒最小锚固长度的标志,标志位置应准确、颜色应清晰。

(2) 对于灌浆套筒与钢筋之间的缝隙,应采取防止灌浆时灌浆料拌合物外漏的封堵措施。

(3) 预制梁的水平连接钢筋轴线偏差不应大于 5mm,超过允许偏差的应予以处理。

(4) 与既有结构的水平钢筋相连接时,新连接钢筋的端部应设有保证连接钢筋同轴、稳固的装置。

(5) 灌浆套筒安装就位后,灌浆孔、出浆孔应在套筒水平轴正上方 ±45° 的锥体范围内,并安装孔口超过灌浆套筒外表面最高位置的连接管或连接头。

**3. 灌浆施工异常的处理**

水平钢筋连接灌浆施工停止后 30s,如发现灌浆料拌合物下降,应检查灌浆套筒两端的密封或灌浆料拌合物排气情况,并及时补灌或采取其他措施。

补灌应在灌浆料拌合物达到设计规定的位置后停止,并应在灌浆料凝固后再次检查其位置是否符合设计要求。

## 4.3.5　连通腔灌浆的分仓、封仓及灌浆操作的步骤和要求

竖向构件宜采用连通腔灌浆,并合理划分连通灌浆区域,每个区域除应预留灌浆孔、出浆孔与排气孔(有些需要设置排气孔)外,应形成密闭空腔,且保证灌浆压力下不漏浆;连通灌浆区域内任意两个灌浆套筒的间距不宜超过 1.5m。灌浆施工须按施工方案执行灌浆作业。全过程应有专职检验人员负责现场监督,并及时形成施工检查记录。

**1. 灌浆施工方法**

竖向钢筋套筒灌浆连接,灌浆应采用压浆法,从灌浆套筒下方灌浆孔注入,当灌浆料从构件上本套筒和其他套筒的灌浆孔、出浆孔流出后,应及时封堵。

采用连通腔灌浆方式时,灌浆施工前,应对各连通灌浆区域进行封堵,且封堵材料不应减小结合面的设计面积。竖向钢筋套筒灌浆连接用连通腔工艺灌浆时,采用一点灌浆的方式,即用灌浆泵从接头下方的一个灌浆孔处向套筒内压力灌浆,在该构件灌注完成之前,不得更换灌浆孔,且应连续灌注,不得断料,严禁从出浆孔进行灌浆。当一点灌浆遇到问题需要改变灌浆点时,应重新打开各套筒已封堵的灌浆孔、出浆孔,待灌浆料拌合物再次流出后进行封堵。竖向预制构件不采用连通腔灌浆方式时,构件就位前,应设置坐浆层或套筒下端密封装置。

**2. 灌浆施工环境温度要求**

灌浆施工时,环境温度应符合灌浆料产品使用说明书要求;当环境温度低于 5℃ 时不宜

施工,低于 0℃时不得施工;当环境温度高于 30℃时,应采取降低灌浆料拌合物温度的措施。

**3. 灌浆施工异常的处置**

接头灌浆时,如出现无法出浆的情况,应查明原因,采取补救施工措施;对于未密实饱满的竖向连接灌浆套筒,当在灌浆料加水拌合 30min 内时,应首选在灌浆孔补灌;当灌浆料拌合物已无法流动时,可从出浆孔补灌,并采用手动设备结合细管压力灌浆,但此时应制订并严格执行专门的补灌方案。

## 学习小结

## 复习思考题

1. 如何对进场的预制构件进行检查？

2. 现场预埋件施工时要注意哪些问题？

3. 如何复核现场的安装条件？

4. 预制构件进场时需要验收哪些内容？

5. 预制混凝土外挂墙板的施工控制有哪些要点？

6. 吊装作业安全操作有哪些要点？

7. 简述灌浆套筒连接与浆锚连接的原理及工艺特点，并说一说两者的区别。

8. 简述连通腔的分仓、封仓与灌浆操作步骤。

# 第5章 装配式建筑装修

通过本章的学习,了解装配式建筑装修的发展背景,装配式建筑装修的技术特点以及装配式建筑装修的简要施工工艺,从而对装配式建筑装修的不足和未来发展趋势有较为全面的理解。

## 5.1 装配式建筑装修概述

### 1. 定义

建筑装饰装修系为保护建筑物的主体结构、完善建筑物的使用功能和美化建筑物,采用装饰装修材料或饰物,对建筑物的内外表面及空间进行的各种处理过程。而装配式建筑装修则是采用装配式技术(即干式工法)将工厂生产的高集成部品,在施工现场进行组合安装的装修方式。

### 2. 传统建筑装饰装修的问题

(1) 现场制作多,劳动密集:以非常简单的内墙乳胶漆涂饰为例,通常应经历墙体基层处理、界面剂涂刷、耐水腻子批刮、面漆涂布和成品保护这一系列工序。其每一道工序都应在现场完成,且相接工序间还要保证干燥时间。而一名合格的油漆工,一个工日完成腻子批刮量大致为 $50m^2$。当下,国内熟练技工短缺,人力成本高涨,加重了建筑装饰企业的负担。

(2) 工艺、尺寸繁杂:建筑装饰装修工程以风格效果呈现和满足使用为主要考量标准,必然涉及多种装饰材料、尺寸造型和工艺工法。这些多样性,对材料采购、工人技术和配套措施等方面有较高的要求。任何一个环节出现问题,必将对工程质量和工期产生不利影响。

(3) 施工周期长,现场组织协调难:传统建筑装饰装修既有以轻钢龙骨纸面石膏板吊顶为代表的零散构件拼装特点,也有以墙地砖铺贴为代表的湿作业特点。这两方面特点都存在施工周期长和现场组织协调难的问题。但类似的墙地砖铺贴,其施工周期很大部分来源于水泥砂浆的凝结硬化和养护,在此期间,无法在其上开展交叉作业。

(4) 工程质量参差不齐:受制于工期、企业标准、成本、人员素质等因素,很多建筑装饰企业无法做到同一分项工程工艺统一、质量稳定。例如,石材干挂工程时常出现钢架点焊、只涂一道防锈漆、焊接干挂件、石材爆边等人为因素导致的问题。

(5) 运维负担:随着使用方式和时间推移的影响,传统建筑装饰装修工程在使用运营阶段不可避免地会出现老化、损坏等情况,其一次性、整体性的特点决定了上述情况的出现,必将给运营维护带来不利影响。以陶瓷地砖为例,后期易出现空鼓、开裂、划伤等"病变",想要维修,则必须将产生"病变"的地砖及下方的黏合层剔凿干净,再采用水泥砂浆湿贴或干铺工艺进行修复。一方面,如果运营方未留存同批次砖块,很难再采购到同规格、同色号的地砖,易出现色差;另一方面,修复过程要经历基层处理、基层湿润、铺浆、整平和养护等一系列工序,尤其是养护阶段,至少需要 7d,这势必对门厅、商超等人流密集场所的使用带来不利影响。再以地暖工程为例,传统地暖供热管道采用 PEX 管件热熔焊接,管线层上浇筑钢筋细石混凝土后,再进行楼地面的装饰施工。一旦 PEX 管件出现破损(原因有焊接质量不高,冬季不使用且未排净管内余水等),则必须凿开地面进行维修更换。这给维修和使用造成严重影响。

(6)绿色环保问题:传统建筑装饰装修因为使用了石材、人造木板材、涂料、胶粘剂等材料,其室内环境会受到甲醛、苯酚、VOC 和放射性氡气的污染,给人民的健康生活造成负面影响。同时,石材的开采、面砖的烧制、木材资源的砍伐等,不仅产生巨大的能耗,还给生态环境带来沉重压力。这与我国力争"碳达峰、碳中和"的国家战略相违背。

### 3. 装配式建筑装修的解决之道

(1)针对传统建筑装饰装修现场制作多、劳动密集的情况,装配式建筑装修依据建筑装饰装修工程项目划分原则,将顶面、墙面、楼地面、门窗等分项工程材料在工厂中预制成集成模块化部品,后续施工基本没有现场制作,同时不需要水电工、瓦工、油漆工、木工等多专业工种,仅有现场进行部品快速拼装的安装工。以楼地面陶瓷地砖铺贴为例,通常需要一名熟练瓦工和一名勤杂工,而装配式建筑装修仅需一名模块部品安装工,用工成本介于熟练瓦工和勤杂工之间。

(2)针对传统建筑装饰装修分项工程工艺复杂、构件尺寸繁杂的情况,装配式建筑装修在工艺上统一采用与主体结构分离的干式安装施工;在构件尺寸上,其大尺寸部品采用M/2分模数网络,而构造节点则统一采用 M/2、M/5 和 M/10 的分模数网络,有效降低了一线工人的施工难度和材料、构配件供应难度。

(3)针对传统建筑装饰装修中施工周期长,现场组织协调难的情况,装配式建筑装修因为广泛采用预制部品和干式安装,彻底摆脱了零碎构件安装(如木饰面工程中的木针、龙骨、基层板、挂条、面层板和装饰线条)和湿作业干燥时间(如乳胶漆的干燥需要至少 2h)的困扰,大大缩短了施工周期。同时,因为安装高集成度部品时仅需要安装工进场,无须其他专业工种协同,也使得施工现场的组织协调变得简单。

(4)针对传统建筑装饰装修中工程质量参差不齐的情况,装配式建筑装修可以很好地解决这一问题。首先,有能力参建装配式建筑装修工程的企业,一定是有相当的技术储备和质量管理体系;其次,工厂标准化生产的预制部品,排除人为现场加工的影响,指标统一,质量稳定;最后,施工现场作业采用干式安装施工,简单快捷,可有效避免工人之间技术水平差别的影响。

(5)针对传统建筑装饰装修工程后期运维负担较重的情况,装配式建筑装修特有的可拆卸模块化部品与主体结构分离的安装施工,对于出现损坏的部品,可以实现快速拆卸更换。因其部品面层多采用浸渍纸贴面来仿石材、木材纹理,也不用担心后期替换材料的色差问题。

（6）针对传统建筑装饰装修中大量使用会释放甲醛的人造木板材，以及会造成放射性污染的石材的情况，装配式建筑装修大量采用硅酸钙板作为部品基材，对室内环境无任何不利影响，同时，其平整、坚固、耐久的优点也颇具优势。

# 5.2　装配式建筑装修部品与工艺

## 5.2.1　地面系统

传统建筑装饰装修楼地面工程最重要的一环是原建筑楼地面找平，即采用1∶3水泥砂浆抹平结构面层，为后续装饰面层铺装提供平整坚固的基层（图5-1）。其具体工艺包含测量放线（测设地面装饰完成面线）、基层处理（剔凿软弱层、清扫等）、基层湿润、做灰饼抹冲筋、抹面层灰和养护。该工艺环节占据楼地面装饰工程中相当权重的工期成本和人工成本，且容易出现空鼓、开裂、平整度偏差等通病。

图 5-1　楼地面基层抹灰找平

装配式建筑装修地面部品主要是架空地面模块（图5-2）。以多个可调节高度的脚螺旋作为底部支撑，以冲压成型的镀锌钢板作为衬材，上部敷设硅酸钙板作为基层板。后续可以根据业主要求，在基层板上铺贴仿大理石、地砖、木地板等浸渍纸装饰层（图5-3）。

装配式建筑装修地面系统的主要施工工序如下：测量放线→部品下单→部品编号→地面模块安装调平→收口处理。

其中，部品下单和部品编号工序都可以在部品加工厂提前完成，不占用实际工期。

装配式建筑装修地面系统主要有以下优点。

（1）无须地面找平：地面模块底部的可调节脚螺旋，其调节行程为0～110mm，而传统楼地面水泥砂浆找平层厚度通常在30mm内，因此可以放心地省略此工艺环节。

（2）实现同层排水：非同层排水即指本层的排水管道贯穿楼板，布置在下一层顶棚表面，这会导致日常使用时对下一层的噪声影响和检修管道时的麻烦。因此新建建筑目前大多采用降低用水房间楼板高度的方法，实现同层排水。而装配式建筑装修地面系统中的架

图 5-2  可调节架空地面模块

图 5-3  快装仿木质地板面层

空地面模块,其底部与原建筑楼板分离架空,可以轻松布设 50mm 管径的排水管道,从而实现同层排水。

(3)拆装方便:可调节架空地面模块采用干式安装施工,出现破损后,只需剔除装饰面层,将损坏的地面模块用工具拆卸,再在同位置安装新的模块,即可完成维修更换。

(4)绿色环保:装配式建筑装修地面模块的主要材料为镀锌钢板框架、硅酸钙板基层和浸渍纸装饰面层。其污染物质仅仅来自粘贴浸渍纸面层时涂刷的树脂胶,适当提高成本,采用无醛树脂胶,则可以实现真正意义上的零污染。

## 5.2.2  集成采暖系统

传统建筑装饰装修楼地面采暖系统做法较为复杂(图 5-4),其弊端主要包括工艺复杂、施工周期长(抹灰找平、细石混凝土保护层等湿作业)、隐蔽工程品控不稳定和维修困难等方面。

装配式建筑装修集成采暖系统的部品主要是架空地面采暖模块(图 5-5)。

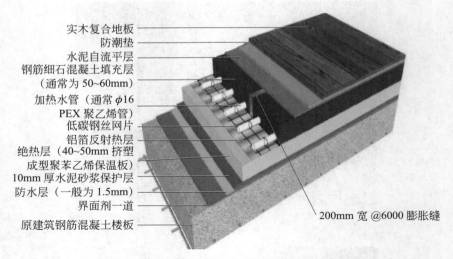

实木复合地板
防潮垫
水泥自流平层
钢筋细石混凝土填充层
（通常为 50~60mm）
加热水管（通常 $\phi$16
PEX 聚乙烯管）
低碳钢丝网片
铝箔反射热层
绝热层（40~50mm 挤塑
成型聚苯乙烯保温板）
10mm 厚水泥砂浆保护层
防水层（一般为 1.5mm）
界面剂一道
原建筑钢筋混凝土楼板

200mm 宽 @6000 膨胀缝

图 5-4　传统建筑装饰装修楼地面采暖系统做法

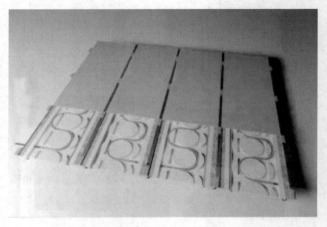

图 5-5　架空地面采暖模块

该模块与架空地面模板构造类似,区别仅在于将挤塑保温板和加热水管集成于硅酸钙板和镀锌钢板框架之间,形成单个采暖模块后,再在施工现场进行快速拼装。

装配式建筑装修集成采暖系统主要有以下优点。

(1) 结构简单:虽然增加了采暖功能单元,但集成部品的整体样式与架空地面模块并无差别,相较于传统建筑装饰装修中的地暖,减少了找平层、防水层、钢筋细石混凝土保护层。

(2) 施工快捷,不渗漏:其模块部品安装施工同架空地面模块,重点的加热水管部分摒弃传统的热熔焊接工艺,借鉴气体管道连接方式,管件间采用标准快插工艺(图 5-6)连接,拆装方便,连接稳定。

(3) 拆装方便:集成采暖模块同样采用干式安装施工,后期使用如需维修,只需剔除装饰面层,将单个损坏的集成采暖模块用工具拆卸,再在同位置安装新的模块,即可完成维修更换。

图 5-6　快插连接

## 5.2.3　快装墙面系统

传统的内墙柱面装饰装修工程材料繁多,如涂料、壁纸(布)、软(硬)包、面砖、石材、木饰面板等比比皆是。其中,涂料、壁纸(布)和面砖的使用,最大的问题是以湿作业为主,施工周期长,而以干作业为主的软(硬)包、石材和木饰面工程,虽然几乎不涉及湿作业,但厚重的背部骨架(图 5-7)在很大程度上占用了宝贵的室内空间,建设成本也居高不下。

图 5-7　传统石材干挂

装配式建筑装修快装墙面系统的部品主要是薄型覆面轻钢骨架和快装墙面板(图 5-8)。

该分项工程的具体思路是在原建筑墙体上敷设覆面龙骨,再将预制好面层的快装墙面板粘贴在覆面龙骨上。

装配式建筑装修快装墙面系统的主要施工工序如下:测量放线→部品下单→部品编号→覆面龙骨安装→快装墙板安装→收口处理。

装配式建筑装修快装墙面系统主要有以下优点。

(1)无须墙面找平:覆面龙骨可实现墙柱面 20mm 内的找平,基本替代水泥砂浆抹灰找平。

图 5-8  改进型轻质隔墙骨架和快装墙面板

（2）施工快捷：工厂预制部品，到现场后干式安装施工，施工难度降低，施工周期大大缩短。

（3）多种面层替代材料：可将涂料、墙纸（布）、软（硬）包材料集成在硅酸钙板基层板表面；同时，浸渍纸装饰面层可实现对木饰面、石材、面砖的高度仿真，既能给业主创造多样化搭配，还能显著降低材料成本。

（4）方便水电施工：传统水电安装施工时，需要在墙体上开槽，而采用覆面龙骨部品，则给水电管线的敷设提供了厚度空间，可极大地提升施工效率和降低水电施工难度，还便于后期水电管线维修。

## 5.2.4  集成吊顶系统

由于目前装配式建筑技术尚处于初始发展阶段，尤其是土建结构和装饰构造的协同配合度不高，所以装配式吊顶还是难以摆脱传统的打孔、安装吊杆、组装龙骨、钉装面板等工艺。但是对于造型相对简单的吊顶工程，例如"回字形"吊顶，装配式建筑装修将一级顶的框架和基层板在工厂预制生产，同时集成水电管路于其中，形成单个独立的箱体。到了施工现场后，先将水电管路连接就位，再将一级顶箱体的一侧与已完成的墙面上口预留构件连接，箱体上部与结构楼板采用螺栓连接或结构胶黏结皆可。

装配式建筑装修集成吊顶系统的主要施工工序如下：测量放线→部品下单→水电管路连接→吊顶箱体安装→收口处理。

装配式建筑装修集成吊顶系统除了有施工难度降低、工期缩短、拆装方便等共通优点外，还具有以下优势。

（1）大大拓宽顶面风格：传统建筑装饰装修顶面用材多以石膏板涂饰、裱贴、铝塑扣板等为主，无机块材风格较少。而装配式建筑装修特有的快装面层，可实现对任意装饰材料的仿真，轻松实现顶面石材、面砖、金属板、木饰面等新颖风格。

可不损伤主体结构：传统建筑装饰装修吊顶需要通过在结构楼板上开孔来固定吊筋，这对结构本身有一定的损伤。另外，对后期装修翻新施工也有一定的负面影响。装配式建筑装修集成吊顶系统可以实现不损伤结构楼板的安装施工,可大大降低建筑装饰装修对原建筑结构的影响,拆除也相对方便。

## 5.2.5 集成卫浴系统

传统建筑装饰装修对于卫浴空间的处理,经常出现的问题就是漏水、渗水问题。这涉及给水排水管路连接质量和墙地面防水施工质量。以墙地面涂膜防水(图5-9)为例,其具体工艺包括基层处理→细部(管根、墙角、止水坎)处理→墙面涂刷→地面涂刷→蓄水试验。

图 5-9 传统卫生间 JS 涂膜防水

影响涂膜防水工程质量的因素,首先是施工质量,材料情况、界面剂配套程度、环境情况、涂刷遍数、涂刷质量等都会对防水施工质量产生影响;其次是管理质量,涂膜防水完工后进行墙地砖铺贴施工,经常出现地面未覆盖保护,施工人员、材料和机具会导致防水薄膜破损,从而出现点状渗水的现象(图5-10)。

图 5-10 管根处涂膜缺失导致的下层渗水

受成品淋浴房的启发,装配式建筑装修的卫浴系统在湿区采用 SMC(一种复合玻璃钢)整体底盘、墙体和顶层(图5-11)。干区采用架空地面模块,模块边缘接口处经过防水密闭处理,模块面层铺设致密耐水的磁石面板,可以实现真正意义上的滴水不漏。

图 5-11　SMC 整体卫浴底盘

装配式建筑装修集成卫浴系统的主要施工工序如下:测量放线→部品下单→干区墙体模块安装→水电管路连接→湿区箱体安装调平→干区顶面模块安装→干区地面模块安装调平→打胶收口。

装配式建筑装修集成卫浴系统具有以下优势。

(1)质量稳定:集成部品在工厂中预制生产,基本不受环境、人工等因素的影响。尤其是防水工程,湿区为整体式 SMC 箱体,不需要传统的涂膜防水湿作业工序,可以做到真正的滴水不漏。

(2)施工快捷:干式安装施工带来的最大好处就是施工难度大大降低,而且没有了潮湿材料的凝结硬化时间,工期大大缩短。

(3)实现同层排水:湿区的 SMC 淋雨箱体和干区的地面模块都是底部架空的,足够常规口径管道排布,可以轻松实现同层排水。

# 5.3　装配式建筑装修的不足与未来

**1. 当下装配式建筑装修的不足**

虽然装配式建筑装修已经取得一定程度的发展,但是工程技术人员应该清楚地意识到,目前的装配式建筑装修仍然无法完全取代传统建筑装饰装修,主要有以下原因。

(1)装配式建筑装修楼地面系统最大的特色是分离式地面模块,但是,可调节的地面模块也在一定程度上降低了房间净高,较难适用于层高不足的建筑。

(2)吊顶系统虽然能够在一定范围内实现装配式操作,但是对于造型复杂、面积较大的吊顶,则还是需要先在结构顶板上钻孔,再安装固定龙骨架,而这依然是传统吊顶的施工工艺。

(3)顶、墙、地的快装面层系统,虽然可以在色泽、纹理上实现对石材、木饰面、陶瓷砖等材料的仿真,但无法实现其触感,尤其是木地板特有的温润脚感,更是差距较大。

（4）受工厂生产线模具的限制，目前装配式装修部品的造型、线条趋于简单、直接，虽然能够实现北欧、轻奢、简约等风格，但无法体现造型线条较为复杂的欧式、中式（图 5-12）、地中海式。

图 5-12　中式风格复杂的线条装饰

**2. 对装配式建筑装修的展望**

未来，装配式建筑装修还有很长的路要走，针对目前遇到的问题，个人认为其发展方向有如下几点。

（1）与 BIM 技术、装配式结构施工技术等深度融合。BIM 技术特有的建筑信息模型分析，可以较为直观地实现各专业间的碰撞检查、预留点位、进度和质量控制。在此基础上，装配式建筑结构施工时，可以为后续的装配式建筑装修顶面、地面等分项工程构造设计精确预留点位和空间，从而实现净高控制、全过程整体安装。

（2）加速基层和面层材料的研发进度，摆脱目前对硅酸钙板、浸渍纸等常规材料的依赖。开发出不仅在色泽纹理上仿真，还在力学特性、感官特性上都非常接近的新材料。同时，快装面层大量使用的结构胶，也需要寻求耐久性好、污染性小、成本低廉的胶粘材料。

（3）集成 VR 扫描、3D 打印等技术。为了减少模具品类对装配式建筑装修部品，尤其是收口线条造型式样的限制，可以集成 VR 扫描技术对已有的木线条、石材线条、不锈钢线条等进行全方位扫描，再将模型数据导入 3D 打印机，从而解决"工厂化"和"个性化"之间的矛盾，实现"工厂个性化"生产。

## 学习小结

## 复习思考题

1. 目前装配式建筑装修最大的问题是什么？

2. 装配式建筑装修地面部品模块在安装施工时应着重考虑哪方面问题？

3. 请绘出装配式建筑装修墙面模块（仿木饰面）节点示意图。

4. 装配式建筑装修顶面模块还有哪些发展方向？

# 第6章 装配式混凝土建筑质量控制与验收

## 学习目标

通过本章的学习,了解装配式混凝土结构工程常用的质量验收程序和验收资料的收集,掌握预制构件在工厂生产的质量验收标准,掌握装配式构件现场施工的质量标准和检验方法。

## 6.1 预制构件生产阶段的质量控制与验收

### 6.1.1 原材料检验

**1. 灌浆套筒**

对灌浆套筒进行外观检查,通过观察、尺检查方法,检查是否有缺陷和裂缝、尺寸误差等。钢筋套筒灌浆连接接头的抗拉强度不应小于连接钢筋抗拉强度标准值,且破坏时应切断接头外钢筋。

教学视频:预制构件生产阶段质量管理与验收

铸造灌浆套筒内、外表面不应有影响使用性能的夹渣、冷隔、砂眼、缩孔、裂纹等质量缺陷。机械加工灌浆套筒外表面可为加工表面或无缝钢管、圆钢的自然表面,表面应无目测可见裂纹等缺陷,端面和外表面的边棱处应无尖棱、毛刺。灌浆套筒表面允许有锈斑或浮锈,不应有锈皮。滚压型灌浆套筒滚压加工时,灌浆套筒内、外表面不应出现微裂纹等缺陷。

教学视频:钢筋套筒与预埋件的验收与保管

**2. 水泥**

水泥进场前,要求提供商出具水泥出厂合格证和质保单,对其品种、级别、包装或散装仓号、出厂日期等进行检查,并按批次对其强度、安定性、凝结时间等性能指标进行复检。

1) 强度

按规范要求制作胶砂强度试件,将成型好的试块放入标准养护箱中养护,24h 后拆模,再将试块养护到规定的龄期。龄期到达后进行强度试验,并记录数据,形成水泥强度检验报告。对于达不到强度要求的水泥,一律不得使用。

2) 安定性

体积安定性是水泥的一项很重要的指标,水泥体积安定性不合格,会导致混凝土构件出现不均匀开裂等现象。体积安定性检测应满足沸煮法合格。

3) 凝结时间

硅酸盐水泥初凝时间不小于 45min,终凝时间不大于 390min。

普通硅酸盐水泥、矿渣硅酸盐水泥、火山灰质硅酸盐水泥、粉煤灰硅酸盐水泥和复合硅酸盐水泥初凝时间不小于 45min,终凝时间不大于 600min。

4）细度

硅酸盐水泥和普通硅酸盐水泥以比表面积表示,不小于 300m²/kg。矿渣硅酸盐水泥、火山灰质硅酸盐水泥、粉煤灰硅酸盐水泥和复合硅酸盐水泥以筛余百分数表示,80μm 方孔筛筛余百分数不大于 10%,或 45μm 方孔筛筛余百分数不大于 30%。

**3. 细骨料**

使用前,要对砂的含水量、含泥量进行检验,并用筛选分析试验对其颗粒级配及细度模数进行检验,不得使用海砂。

1）砂的颗粒级配筛分及细度模数

用天平称取烘干后的砂 1100g 待用。将标准筛由大到小排好顺序,将砂加入最顶层的筛子中。将筛子放到振动筛上,开动振动筛完成砂子分级操作,称出不同筛子上的砂子量,做好记录,得出颗粒级配,并由以上数据计算得出砂子的细度模数。

2）砂的质量

砂的质量应符合《普通混凝土用砂、石质量及检验方法标准》(JGJ 52—2006)的规定。

砂的粗细程度按细度模数分为粗、中、细、特细四级。除特细砂外,砂的颗粒级配可按筛孔公称直径的累计筛余量(以质量百分率计)分成三个级配区(表 6-1),且砂的颗粒级配应处于某一区内。

表 6-1　砂的颗粒级配表　　　　　　　　　　　　　　　单位:%

| 粒径 | 级配区 | | |
|---|---|---|---|
| | Ⅰ区 | Ⅱ区 | Ⅲ区 |
| 5.00mm | 10～0 | 10～0 | 10～0 |
| 2.50mm | 35～5 | 25～0 | 15～0 |
| 1.25mm | 65～35 | 50～10 | 25～0 |
| 630μm | 85～71 | 70～41 | 40～16 |
| 315μm | 95～80 | 92～70 | 85～55 |
| 160μm | 100～90 | 100～90 | 100～90 |

配制混凝土时,宜优先选用Ⅱ区砂。当采用Ⅰ区砂时,应提高砂率,并保持足够的水泥用量,满足混凝土的和易性;当采用Ⅲ区砂时,宜适当降低砂率;当采用特细砂时,应符合相应的规定。

此外,还要对砂的含水量、含泥量及泥块含量进行检测,达到相关材料规范要求后方可使用。

对机制砂的检测,可参照上述规定执行。

**4. 粗骨料**

使用前,要对石子含水量、含泥量进行检验,并用筛选分析试验对其颗粒级配进行检验,其质量应符合《普通混凝土用砂、石质量及检验方法标准》(JGJ 52—2006)的规定。

**5. 钢筋**

钢筋应按国家现行相关标准的规定抽取试件作屈服强度、抗拉强度、伸长率、弯曲性能和质量偏差检验,检验结果应符合相应标准的规定。检查数量应按进场批次和产品的抽样检验方案确定。可检查质量证明文件和抽样检验报告。

成型钢筋进场时,应抽取试件做屈服强度、抗拉强度、伸长率和质量偏差检验,检验结果应符合国家现行有关标准的规定。对由热轧钢筋制成的成型钢筋,当有施工单位或监理单位的代表驻厂监督生产过程,并提供原材钢筋力学性能第三方检验报告时,可仅进行质量偏差检验。对于同一厂家、同一类型、同一钢筋来源的成型钢筋,不超过 30t 为一批,每批中每种钢筋牌号、规格均应至少抽取 1 个钢筋试件,总数不应少于 3 个。可检查质量证明文件和抽样检验报告。

钢筋应平直、无损伤,表面不得有裂纹、油污、颗粒状或片状老锈。应通过观察法进行全数检查。成型钢筋的外观质量和尺寸偏差应符合国家现行有关标准的规定。对于同一厂家、同一类型的成型钢筋,不超过 30t 为一批,每批随机抽取 3 个成型钢筋,可通过观察、尺量进行检验。

**6. 模具**

模具系统一般由模板、支撑和紧固件三部分组成。模板的主要作用是保证混凝土按设计的几何形状、尺寸成型。支撑和紧固件的主要作用是承受模板、钢筋、新浇混凝土的质量,运输工具和人员的荷载,以及新浇混凝土对模板的压力和机械的振动力,保证模板的位置正确,防止变形、位移和胀模。

## 6.1.2　构件制作检验

**1. 制作过程**

生产预制构件前,应对各种生产机械设施设备进行安装调试、工况检验和安全检查,确认其符合生产要求。制作预制构件前,应准备好施工组织设计或技术方案,并经审查批准。加工制作预制构件前,应绘制并审核预制构件深化设计加工图,具体内容包括预制构件模具图、配筋图、预埋吊件及预埋件的细部构造图等。预制构件制作可划分为模具安装、钢筋笼预扎、混凝土浇筑、脱模、预制构件洗水、修补和养护及预制构件成品存放和成品检测等。

(1) 模具安装质量应满足国家及地方相关标准的要求,模具内表面应干净光滑,无混凝土残渣等杂物,钢筋出孔位及所有活动块拼缝处应无累积混凝土,无黏模白灰。模具外表面(窗盖、中墙板等)、洗水面板应无累积混凝土。模具内表面应打油均匀,无积油;窗盖、底座及中墙板等外表面无积油,缓凝剂涂刷均匀、无遗漏。模具拼缝处无漏光,产品无漏浆,拼缝接口处无明显纱线状。模具的平整度需每周循环检查一次。对模台清理、隔离剂的喷涂、模具尺寸等做一般性检查;重点检查模具各部件连接、预留孔洞及埋件的定位固定等(表 6-2)。

教学视频:混凝土材料的验收与保管

表 6-2 模具上预埋件、预留孔洞模具安装允许偏差

| 项次 | 检 验 项 目 | | 允许偏差/mm | 检 验 方 法 |
|---|---|---|---|---|
| 1 | 预埋钢板 | 中心线位置 | 3 | 用尺量测纵、横两个方向的中心线位置,记录其中较大值 |
| | | 平面高差 | ±2 | 用钢直尺和塞尺检查 |
| 2 | 预埋管、电线盒、电线管水平和垂直方向的中心线位置偏移、预留孔、浆锚搭接预留孔(或波纹管) | | 2 | 用尺量测纵、横两个方向的中心线位置,记录其中较大值 |
| 3 | 插筋 | 中心线位置 | 3 | 用尺量测纵、横两个方向的中心线位置,记录其中较大值 |
| | | 外露长度 | 10,0 | 用尺量测 |
| 4 | 吊环 | 中心线位置 | 3 | 用尺量测纵、横两个方向的中心线位置,记录其中较大值 |
| | | 外露长度 | 0,−5 | 用尺量测 |
| 5 | 预埋螺栓 | 中心线位置 | 2 | 用尺量测纵、横两个方向的中心线位置,记录其中较大值 |
| | | 外露长度 | 5,0 | 用尺量测 |
| 6 | 预埋螺母 | 中心线位置 | 2 | 用尺量测纵、横两个方向的中心线位置,记录其中较大值 |
| | | 平面高差 | ±1 | 用钢直尺和塞尺检查 |
| 7 | 预留洞模具 | 中心线位置 | 3 | 用尺量测纵、横两个方向的中心线位置,记录其中较大值 |
| | | 尺寸 | 3,0 | 用尺量测纵、横两个方向的尺寸,取其最大值 |
| 8 | 灌浆套筒及插筋 | 灌浆套筒中心线位置 | 1 | 用尺量测纵、横两个方向的中心线位置,记录其中较大值 |
| | | 插筋中心线位置 | 1 | 用尺量测纵、横两个方向的中心线位置,记录其中较大值 |
| | | 插筋外露长度 | 5,0 | 用尺量测 |

（2）预制构件所用钢筋须检验合格,钢筋骨架整体尺寸准确,绑扎钢筋位置须有清晰、准确的记号。钢筋应没有铁锈剥落及污染物,钢筋笼牌应标明钢筋笼的型号、楼层位置、生产日期。对钢筋的下料、弯折等做一般性检查;对钢筋成品的检查如表 6-3 所示。

表 6-3 钢筋成品的允许偏差和检验方法

| 项 目 | | 允许偏差/mm | 检 验 方 法 |
|---|---|---|---|
| 钢筋网片 | 长、宽 | ±5 | 用钢尺检查 |
| | 网眼尺寸 | ±10 | 用钢尺量连续三档,取最大值 |
| | 端头不齐 | 5 | 用钢尺检查 |

续表

| 项　目 | | 允许偏差/mm | 检　验　方　法 |
|---|---|---|---|
| 钢筋骨架 | 长 | 0,-5 | 用钢尺检查 |
| | 宽 | ±5 | 用钢尺检查 |
| | 高(厚) | ±5 | 用钢尺检查 |
| | 主筋间距 | ±10 | 用钢尺量两端、中间各一点,取最大值 |
| | 主筋排距 | ±5 | 用钢尺量两端、中间各一点,取最大值 |
| | 箍筋间距 | ±10 | 用钢尺量连续三档,取最大值 |
| | 弯起点位置 | 15 | 用钢尺检查 |
| | 端头不齐 | 5 | 用钢尺检查 |
| | 保护层　柱、梁 | ±5 | 用钢尺检查 |
| | 保护层　板、墙 | ±3 | 用钢尺检查 |

（3）应对混凝土的制备、浇筑、振捣、养护等做一般性检查;对混凝土抗压强度检测及试件制作、脱模及起吊强度等进行重点检查。每车混凝土要按设计坍落度做坍落度试验和试块,混凝土坍落度、温度测试合格。混凝土都不能私自额外加水。混凝土应在初凝前,将其浇筑完成。按规范要求的程序浇筑混凝土,每层混凝土不可超过450mm。插棒时快插慢拔,先大面后小面;振点间距不超过300mm,且不得靠近洗水面模具。振捣混凝土时,不可过分振混凝土,以免混凝土分层离析,应以将混凝土内气泡尽量驱走为准。振捣混凝土时,尽量避免把钢筋、板模或其他配备振松。料斗及吊机应清洁干净,无混凝土残渣。外露钢筋清洁干净,窗盖、底座等无混凝土残渣。

**2. 外观件检验**

构件外观预制构件的外观质量不应有严重缺陷,且不宜有一般缺陷。对已经出现的一般缺陷,应当按技术方案进行处理,并应进行重新检验。预制构件常见的外观质量缺陷如表 6-4 所示。

表 6-4　预制构件常见的外观质量缺陷

| 名称 | 现　　象 | 严　重　缺　陷 | 一　般　缺　陷 |
|---|---|---|---|
| 露筋 | 构件内钢筋没有被混凝土包裹而导致外露 | 纵向受力筋露筋 | 其他钢筋少量露出 |
| 蜂窝 | 混凝土表面缺少水泥砂浆,导致石子外露 | 构件主要受力部位有蜂窝 | 其他钢筋有少量蜂窝 |
| 孔洞 | 混凝土中空穴深度和长度均超过保护层厚度 | 构件主要受力部位有孔洞 | 其他钢筋有少量孔洞 |
| 夹渣 | 混凝土中夹有杂物,且深度超过保护层厚度 | 构件主要受力部位有夹渣 | 其他钢筋有少量夹渣 |
| 疏松 | 混凝土中局部不密实 | 构件主要受力部位疏松 | 其他钢筋少量疏松 |

续表

| 名称 | 现　　象 | 严 重 缺 陷 | 一 般 缺 陷 |
|---|---|---|---|
| 裂缝 | 缝隙从混凝土表面延伸至混凝土内部 | 构件主要受力部位有影响结构性能和使用功能的裂缝 | 其他部位有少量不影响结构性能和使用功能的裂缝 |
| 连接部位缺陷 | 构件连接处混凝土缺陷及连接钢筋、连接件松动、灌浆套筒未保护、灌浆孔洞缺陷 | 连接部位有影响结构传力性能的缺陷 | 连接部位有基本不影响结构传力性能的缺陷 |
| 外形缺陷 | 缺棱掉角、棱角不直、翘曲不平、飞出凸肋等；装饰面砖黏结不牢、表面不平，砖缝不顺直等 | 清水或带装饰的混凝土构件内有影响使用功能或装饰效果的外形缺陷 | 其他混凝土构件有不影响使用功能的外表缺陷 |
| 外表缺陷 | 构件表面麻面、掉皮、起砂、沾污等 | 具有重要装饰效果的清水混凝土构件有外表缺陷 | 其他混凝土构件有不影响使用功能的外表缺陷 |

当在检查中发现有表面破损和裂缝时，要及时进行处理并做好记录。对于需修补之处，可根据程度分别采用不低于混凝土设计强度的专用浆料、环氧树脂、专用防水浆料修补，成品缺陷修补如表 6-5 所示。

表 6-5　成品缺陷修补

| 项目 | 缺　　陷 | 处理方案 | 检验方法 |
|---|---|---|---|
| 破损 | （1）影响构件性能且不能恢复的破损 | 废弃 | 目测 |
| | （2）影响钢筋、连接件、预埋件锚固的破损 | 废弃 | 目测 |
| | （3）上述（1）、（2）以外的，破损长度超过 20mm | 修补 | 目测、卡尺测试 |
| | （4）上述（1）、（2）以外的，破损长度在 20mm 以下 | 现场补修 | 目测、卡尺测试 |
| 裂缝 | （1）影响构件性能且不可恢复的裂缝 | 废弃 | 目测 |
| | （2）影响钢筋、连接件、预埋件锚固的裂缝 | 废弃 | 目测 |
| | （3）裂缝宽度大于 0.3mm 且裂缝长度超过 300mm | 废弃 | 目测、卡尺测试 |
| | （4）上述（1）、（2）、（3）以外的，裂缝宽度超过 0.2mm | 补修 | 目测、卡尺测试 |

**3. 预埋件、预留孔检验**

预埋件的材料、品种应按照构件制作图要求进行制作，并准确定位。各种预埋件进场前，供应商应出具合格证和质保单，并对产品外观、尺寸、强度、防火性能、耐高温性能等进行检验。预埋件加工允许偏差如表 6-6 所示，门窗框安装允许偏差和检验方法如表 6-7 所示。

表 6-6　预埋件加工允许偏差

| 项目 | 检 验 项 目 | | 允许偏差/mm | 检 验 方 法 |
|---|---|---|---|---|
| 1 | 预埋件锚板的边长 | | 0，−5 | 用钢尺量测 |
| 2 | 预埋件锚板的平整度 | | 1 | 用直尺和塞尺量测 |
| 3 | 锚筋 | 长度 | 10，−5 | 用钢尺量测 |
| | | 间距偏差 | ±10 | 用钢尺量测 |

表 6-7　门窗框安装允许偏差和检验方法

| 项　　目 | | 允许偏差/mm | 检　验　方　法 |
|---|---|---|---|
| 锚固脚片 | 中心线位置 | 5 | 用钢尺检查 |
| | 外露长度 | 5,0 | 用钢尺检查 |
| 门窗框位置 | | 2 | 用钢尺检查 |
| 门窗框高、宽 | | ±2 | 用钢尺检查 |
| 门窗框对角线 | | ±2 | 用钢尺检查 |
| 门窗框的平整度 | | 2 | 用靠尺检查 |

预埋件制作及安装一定要严格按照设计给出的尺寸要求制作,制作安装后,必须对所有预埋件的尺寸进行验收。

**4. 构件尺寸偏差**

预制构件的尺寸偏差及预留孔、预留洞、预埋件、预留插筋、键槽的位置偏差应符合规定。以同一规格(品种)、同一个工作班为一检验批,每检验批抽检不应少于30%,且不少于5件,用钢尺、拉线、靠尺、塞尺检查。预制构件尺寸偏差及预留孔、预留洞、预埋件、预留插筋、键槽的位置和检验方法应符合下列规定。

(1)预制板类构件外形尺寸偏差及预留孔、预留洞、预埋件、预留插筋、键槽的位置和检验方法应符合表 6-8 的要求。

(2)预制墙板类构件外形尺寸偏差及预留孔、预留洞、预埋件、预留插筋、键槽的位置和检验方法应符合表 6-9 的要求。

(3)预制梁柱桁架类构件外形尺寸偏差及预留孔、预留洞、预埋件、预留插筋、键槽的位置和检验方法应符合表 6-10 的要求。

(4)装饰构件的装饰外观尺寸偏差和检验方法应符合表 6-11 的要求。

表 6-8　预制板类构件外形尺寸允许偏差及检验方法

| 项次 | 检　查　项　目 | | 允许偏差/mm | 检　验　方　法 |
|---|---|---|---|---|
| 1 | 规格尺寸 | 长度 ≤6m | ±5 | 用尺量两端及中间部位,取其中偏差绝对值较大值 |
| | | ≥6m,且≤12m | ±10 | |
| | | ≤12m | ±20 | |
| 2 | | 宽度 | ±5 | 用尺量两端及中间部位,取其中偏差绝对值较大值 |
| 3 | | 厚度 | ±5 | 用尺量板四角和四边中部位置共 8 处,取其中偏差绝对值较大值 |
| 4 | | 对角线差 | 6 | 在构件表面,用尺量测两对角线的长度,取其绝对值的差值 |

续表

| 项次 | 检查项目 | | | 允许偏差/mm | 检验方法 |
|---|---|---|---|---|---|
| 5 | 外形 | 表面平整度 | 内表面 | 4 | 将 2m 靠尺安放在构件表面上,用楔形塞尺量测靠尺与表面之间的最大缝隙 |
| | | | 外表面 | 3 | |
| 6 | | 楼板侧向弯曲 | | L/750,且≤20 | 拉线,钢尺量最大弯曲处 |
| 7 | | 扭翘 | | L/750 | 四对角拉两条线,量测两线交点之间的距离,其值的 2 倍为扭翘值 |
| 8 | 预埋部件 | 预埋钢板 | 中心线位置偏移 | 5 | 用尺量测纵、横两个方向的中心线位置,记录其中较大值 |
| | | | 平面高差 | 0,−5 | 将尺紧靠在预埋件上,用楔形塞尺量测预埋件平面与混凝土面的最大缝隙 |
| 9 | | 预埋螺栓 | 中心线位置偏移 | 2 | 用尺量测纵、横两个方向的中心线位置,记录其中较大值 |
| | | | 外露长度 | 10,−5 | 用尺量 |
| 10 | | 预埋线盒、电盒 | 在构件平面的水平方向中心位置偏差 | 10 | 用尺量 |
| | | | 与构件表面混凝土高差 | 0,−5 | 用尺量 |
| 11 | 预留孔 | 中心线位置偏移 | | 5 | 用尺量测纵、横两个方向的中心线位置,记录其中较大值 |
| | | 孔尺寸 | | ±5 | 用尺量测纵、横两个方向的尺寸,取其最大值 |
| 12 | 预留洞 | 中心线位置偏移 | | 5 | 用尺量测纵、横两个方向的中心线位置,记录其中较大值 |
| | | 洞口尺寸、深度 | | ±5 | 用尺量测纵、横两个方向的尺寸,取其最大值 |
| 13 | 预留插筋 | 中心线位置偏移 | | 3 | 用尺量测纵、横两个方向的中心线位置,记录其中较大值 |
| | | 外露长度 | | ±5 | 用尺量 |
| 14 | 吊环、木砖 | 中心线位置偏移 | | 10 | 用尺量测纵、横两个方向的中心线位置,记录其中较大值 |
| | | 留出高度 | | 0,−10 | 用尺量 |
| 15 | 桁架钢筋高度 | | | 5,0 | 用尺量 |

表 6-9  预制墙板类构件外形尺寸允许偏差及检验方法

| 项次 | 检查项目 | | | 允许偏差/mm | 检验方法 |
|---|---|---|---|---|---|
| 1 | 规格尺寸 | 高度 | | ±4 | 用尺量两端及中间部位,取其中偏差绝对值较大值 |
| 2 | | 宽度 | | ±4 | 用尺量两端及中间部位,取其中偏差绝对值较大值 |
| 3 | | 厚度 | | ±4 | 用尺量板四角和四边中部位置共8处,取其中偏差绝对值较大值 |
| 4 | 对角线差 | | | 5 | 在构件表面,用尺量测两对角线的长度,取其绝对值的差值 |
| 5 | 外形 | 表面平整度 | 内表面 | 4 | 将2m靠尺安放在构件表面上,用楔形塞尺量测靠尺与表面之间的最大缝隙 |
| | | | 外表面 | 3 | |
| 6 | | 侧向弯曲 | | L/1000,且≤20 | 拉线,钢尺量最大弯曲处 |
| 7 | | 扭翘 | | L/1000 | 四对角拉两条线,量测两线交点之间的距离,其值的2倍为扭翘值 |
| 8 | 预埋部件 | 预埋钢板 | 中心线位置偏移 | 5 | 用尺量测纵、横两个方向的中心线位置,记录其中较大值 |
| | | | 平面高差 | 0,-5 | 将尺紧靠在预埋件上,用楔形塞尺量测预埋件平面与混凝土面的最大缝隙 |
| 9 | | 预埋螺栓 | 中心线位置偏移 | 2 | 用尺量测纵、横两个方向的中心线位置,记录其中较大值 |
| | | | 外露长度 | 10,-5 | 用尺量 |
| 10 | | 预埋套筒、螺母 | 中心线位置偏移 | 2 | 用尺量测纵、横两个方向的中心线位置,记录其中较大值 |
| | | | 平面高差 | 0,-5 | 将尺紧靠在预埋件上,用楔形塞尺量测预埋件平面与混凝土面的最大缝隙 |
| 11 | 预留孔 | 中心线位置偏移 | | 5 | 用尺量测纵、横两个方向的中心线位置,记录其中较大值 |
| | | 孔尺寸 | | ±5 | 用尺量测纵、横两个方向的尺寸,取其最大值 |
| 12 | 预留洞 | 中心线位置偏移 | | 5 | 用尺量测纵、横两个方向的中心线位置,记录其中较大值 |
| | | 洞口尺寸、深度 | | ±5 | 用尺量测纵、横两个方向的尺寸,取其最大值 |
| 13 | 预留插筋 | 中心线位置偏移 | | 3 | 用尺量测纵、横两个方向的中心线位置,记录其中较大值 |
| | | 外露长度 | | ±5 | 用尺量 |

续表

| 项次 | 检 查 项 目 | | 允许偏差/mm | 检 验 方 法 |
|---|---|---|---|---|
| 14 | 吊环、木砖 | 中心线位置偏移 | 10 | 用尺量测纵、横两个方向的中心线位置,记录其中较大值 |
| | | 与构件表面混凝土高差 | 0,−10 | 用尺量 |
| 15 | 键槽 | 中心线位置偏移 | 5 | 用尺量测纵、横两个方向的中心线位置,记录其中较大值 |
| | | 长度、宽度 | ±5 | 用尺量 |
| | | 深度 | ±5 | 用尺量 |

表 6-10　预制梁柱桁架类构件外形尺寸允许偏差及检验方法

| 项次 | 检 查 项 目 | | | 允许偏差/mm | 检 验 方 法 |
|---|---|---|---|---|---|
| 1 | 规格尺寸 | 长度 | ≤6m | ±5 | 用尺量两端及中间部位,取其中偏差绝对值较大值 |
| | | | ≥6m,且≤12m | ±10 | |
| | | | ≤12m | ±20 | |
| 2 | | 宽度 | | ±5 | 用尺量两端及中间部位,取其中偏差绝对值较大值 |
| 3 | | 高度 | | ±5 | 用尺量板四角和四边中部位置共 8 处,取其中偏差绝对值较大值 |
| 4 | 表面平整度 | | | 4 | 将 2m 靠尺安放在构件表面上,用楔形塞尺量测靠尺与表面之间的最大缝隙 |
| 5 | 侧向弯曲 | 梁柱 | | L/750,且≤20 | 拉线,钢尺量最大弯曲处 |
| | | 桁架 | | L/1000,且≤20 | |
| 6 | 预埋部件 | 预埋钢板 | 中心线位置偏移 | 5 | 用尺量测纵、横两个方向的中心线位置,记录其中较大值 |
| | | | 平面高差 | 0,−5 | 将尺紧靠在预埋件上,用楔形塞尺量测预埋件平面与混凝土面的最大缝隙 |
| 7 | | 预埋螺栓 | 中心线位置偏移 | 2 | 用尺量测纵、横两个方向的中心线位置,记录其中较大值 |
| | | | 外露长度 | 10,−5 | 用尺量 |
| 8 | 预留孔 | 中心线位置偏移 | | 5 | 用尺量测纵、横两个方向的中心线位置,记录其中较大值 |
| | | 孔尺寸 | | ±5 | 用尺量测纵、横两个方向的尺寸,取其最大值 |

续表

| 项次 | 检查项目 | | 允许偏差/mm | 检验方法 |
|---|---|---|---|---|
| 9 | 预留洞 | 中心线位置偏移 | 5 | 用尺量测纵、横两个方向的中心线位置,记录其中较大值 |
| | | 洞口尺寸、深度 | ±5 | 用尺量测纵、横两个方向尺寸,取其最大值 |
| 10 | 预留插筋 | 中心线位置偏移 | 3 | 用尺量测纵、横两个方向的中心线位置,记录其中较大值 |
| | | 外露长度 | ±5 | 用尺量 |
| 11 | 吊环 | 中心线位置偏移 | 10 | 用尺量测纵、横两个方向的中心线位置,记录其中较大值 |
| | | 留出高度 | 0,−10 | 用尺量 |
| 12 | 键槽 | 中心线位置偏移 | 5 | 用尺量测纵、横两个方向的中心线位置,记录其中较大值 |
| | | 长度、宽度 | ±5 | 用尺量 |
| | | 深度 | ±5 | 用尺量 |

表 6-11　装饰构件装饰外观尺寸允许偏差及检验方法

| 项次 | 装饰种类 | 检查项目 | 允许偏差/mm | 检验方法 |
|---|---|---|---|---|
| 1 | 通用 | 表面平整度 | 2 | 用2m靠尺或塞尺检查 |
| 2 | | 阳角方正 | 2 | 用托线板检查 |
| 3 | | 上口平直 | 2 | 拉通线用钢尺检查 |
| 4 | 面砖、石材 | 接缝平直 | 3 | 用钢尺或塞尺检查 |
| 5 | | 接缝深度 | ±5 | 用钢尺或塞尺检查 |
| 6 | | 接缝宽度 | ±2 | 用钢尺检查 |

## 6.1.3　质量验收程序与文件资料收集

质量验收应包括如下内容。

(1) 实物检查,按下列方式进行:对原材料和预埋件等产品进场复检,应按进场的批次和产品的抽样检验方案执行;对混凝土强度、模具、钢筋成品和构件结构性能等,应按设计要求或本标准规定的抽样检验方案执行。

(2) 所检查资料包括原材料、预埋件等产品合格证(质量合格证明文件、规格、型号及性能检测报告等)及进场复验报告、重要工序的自检及交接检记录、抽样检验报告、见证检测报告和隐蔽工程验收记录等;经原设计单位确认的预制构件深化设计图、变更记录;钢筋套筒灌浆连接、浆铺搭接连接的型式检验合格报告;预制构件混凝土用原材料、钢筋、灌浆套筒、连接件、吊装件、预埋件,保温板等产品合格证和复检试验报告;灌浆套筒连接接头抗拉强度检验报告;混凝土强度检验报告;预制构件出厂检验表;预制构件修补记录和重新检验记录;预制构件出厂质量证明文件;预制构件运输、存放、吊装全过程技术要求;预制构件生产过程台账文件。

# 6.2 装配式混凝土结构分部工程施工质量验收

## 6.2.1 构件进场验收

装配式混凝土结构工程施工用的原材料、部品、构配件均应按检验批进行进场验收。要对进场后的构件观感质量、几何尺寸、产品合格证和有关资料,以及构件图纸编号与实际构件的一致性进行检查;对预制构件在明显部位标明的生产日期、构件型号、生产单位和构件生产单位验收标志进行检查。对构件预埋件、插筋及预留洞规格、位置和数量符合设计图纸的标准进行检查。

教学视频:生产成品质量检验

### 1. 外观验收

预制构件的外观质量不应有严重缺陷,且不宜有一般缺陷。对已出现的一般缺陷,应按技术方案进行处理,并应重新检验。预制构件的允许尺寸偏差及检验方法应符合表 6-12 的规定。预制构件有粗糙面时,可适当放松与粗糙面相关的尺寸允许偏差。

表 6-12 预制板类构件外形尺寸允许偏差及检验方法

| 项次 | 检查项目 | | 允许偏差/mm | 检验方法 |
|---|---|---|---|---|
| 1 | 规格尺寸 | 长度 ≤6m | ±5 | 用尺量两端及中间部位,取其中偏差绝对值较大值 |
| | | 长度 ≥6m,且≤12m | ±10 | |
| | | 长度 ≤12m | ±20 | |
| 2 | | 宽度 | ±5 | 用尺量两端及中间部位,取其中偏差绝对值较大值 |
| 3 | | 厚度 | ±5 | 用尺量板四角和四边中部位置共8处,取其中偏差绝对值较大值 |
| 4 | 外形 | 对角线差 | 6 | 在构件表面,用尺量测两对角线的长度,取其绝对值的差值 |
| 5 | | 表面平整度 内表面 | 4 | 将 2m 靠尺安放在构件表面上,用楔形塞尺量测靠尺与表面之间的最大缝隙 |
| | | 表面平整度 外表面 | 3 | |
| 6 | | 楼板侧向弯曲 | $L/750$,且≤20 | 拉线,钢尺量最大弯曲处 |
| 7 | | 扭翘 | $L/750$ | 四对角拉两条线,量测两线交点之间的距离,其值的 2 倍为扭翘值 |

续表

| 项次 | 检 查 项 目 | | 允许偏差/mm | 检 验 方 法 |
|---|---|---|---|---|
| 8 | 预埋部件 | 预埋钢板 中心线位置偏移 | 5 | 用尺量测纵、横两个方向的中心线位置,记录其中较大值 |
| | | 预埋钢板 平面高差 | 0,-5 | 将尺紧靠在预埋件上,用楔形塞尺量测预埋件平面与混凝土面的最大缝隙 |
| 9 | | 预埋螺栓 中心线位置偏移 | 2 | 用尺量测纵、横两个方向的中心线位置,记录其中较大值 |
| | | 预埋螺栓 外露长度 | 10,-5 | 用尺量 |
| 10 | | 预埋线盒、电盒 在构件平面的水平方向中心位置偏差 | 10 | 用尺量 |
| | | 预埋线盒、电盒 与构件表面混凝土高差 | 0,-5 | 用尺量 |
| 11 | 预留孔 | 中心线位置偏移 | 5 | 用尺量测纵、横两个方向的中心线位置,记录其中较大值 |
| | | 孔尺寸 | ±5 | 用尺量测纵、横两个方向的尺寸,取其最大值 |
| 12 | 预留洞 | 中心线位置偏移 | 5 | 用尺量测纵、横两个方向的中心线位置,记录其中较大值 |
| | | 洞口尺寸、深度 | ±5 | 用尺量测纵、横两个方向的尺寸,取其最大值 |
| 13 | 预留插筋 | 中心线位置偏移 | 3 | 用尺量测纵、横两个方向的中心线位置,记录其中较大值 |
| | | 外露长度 | ±5 | 用尺量 |
| 14 | 吊环、木砖 | 中心线位置偏移 | 10 | 用尺量测纵、横两个方向的中心线位置,记录其中较大值 |
| | | 留出高度 | 0,-10 | 用尺量 |
| 15 | 桁架钢筋高度 | | 5,0 | 用尺量 |

　　预制构件的混凝土外观质量不应有严重缺陷,且不应有影响结构性能和安装、使用功能的尺寸偏差。预制构件进场时外观应完好,其上印有构件型号的标识应清晰完整,型号种类及其数量应与合格证上一致。对于外观有严重缺陷或者标识不清的构件,应立即退场。此项内容应全数检查。

**2. 预制构件的存放**

　　预制构件的堆放场地应平整、坚实,并应有排水措施;预埋吊件应朝上,标识宜朝向堆垛间的通道;构件支垫应坚实,垫块在构件下的位置宜与脱模、吊装时的起吊位置一致;重叠堆放构件时,每层构件间的垫块应上下对齐,堆垛层数应根据构件、垫块的承载力确定,并应根据需要采取防止堆垛倾覆的措施;堆放预应力构件时,应根据构件起拱值的大小和堆放时间采取相应措施。

## 6.2.2　工程施工质量验收主控项目

**1. 灌浆连接**

(1)灌浆施工前,应对操作人员进行培训,通过培训,增强操作人员对灌浆质量重要性的认识,明确该操作行为的一次性且不可逆的特点,让操作人员从思想上重视其所从事的灌浆操作;另外,通过对操作人员进行灌浆作业的模拟操作培训,规范灌浆作业操作流程,让其熟练掌握灌浆操作要领及其控制要点。

(2)灌浆料的制备要严格按照其配比说明书进行操作,建议用机械搅拌。拌制时,记录拌合水的温度,先加入70%的水,然后逐渐加入灌浆料,搅拌3~4min至浆料黏稠无颗粒、无干灰,再加入剩余20%的水,整个搅拌过程不能少于5min,完成后静置2min。搅拌地点应尽量靠近灌浆施工地点,距离不宜过长;每次搅拌量应视使用量多少而定,以保证30min以内将料用完。

(3)拌制专用灌浆料时,应先进行浆料流动性检测,留置试块,然后可进行灌浆(图6-1)。灌浆料性能要求见表6-13,如灌浆料检测不合格,应重新制备。

图 6-1　灌浆料拌制及流动度检测

表 6-13　灌浆料性能要求

| 检 测 项 目 | | 性 能 指 标 |
|---|---|---|
| 流动度 | 初始 | 300mm |
| | 30min | >260mm |
| 抗压强度 | 1d | >35MPa |
| | 3d | >60MPa |
| | 27d | >80MPa |

续表

| 检 测 项 目 | | 性 能 指 标 |
|---|---|---|
| 竖向自由膨胀率 | 24h 与 3h 差值 | 0.02%～0.50% |
| 泌水率/% | | 0 |

检测流动度时,将玻璃板放在实验台上,调整水平,用湿布擦拭玻璃板及截锥圆模、模套,并用湿布盖好备用。按产品合格证提供的推荐用水量将灌浆料充分搅拌均匀,倒入准备好的截锥圆模内,至上边缘。再次用湿布擦拭玻璃板,垂直提起截锥圆模,使灌浆料自然流动到停止。然后测量其最大、最小两个方向的长度,其平均值即为灌浆料的流动度。一般要求其初始流动度不小于300mm。

钢筋套筒灌浆连接及浆锚搭接连接用的灌浆料强度应满足设计要求。应按批检验,以每层为一检验批;每工作班应制作一组且每层不应少于 3 组 40mm×40mm×160mm 的长方体试件,标准养护 28d 后进行抗压强度试验。应检查灌浆料强度试验报告及评定记录。

(4)砂浆封堵 24h 后可进行灌浆,拟采用机械灌浆。浆料从下排灌浆孔进入,灌浆时先用塞子将其余下排灌浆孔封堵,待浆料从上排出浆孔溢出后,将上排出浆孔进行封堵,再继续从下排出浆孔灌浆至无法灌入后,用塞子将其封堵。灌浆要连续进行,每次拌制的浆料需在 30min 内用完,灌浆完成后 24h 之内,预制构件不得受到扰动。

(5)单个套筒灌浆采用灌浆枪或小流量灌浆泵;多接头连通腔灌浆采用配套的电动灌浆泵。灌浆完成浆料凝固前,巡检已灌浆接头,填写记录,如有漏浆及时处理;灌浆料凝固后,检查接头充盈度。灌浆施工如图 6-2 所示。

图 6-2 灌浆施工示意

(6)一个阶段灌浆作业结束后,应立即清洗灌浆泵。

(7)灌浆泵内残留的灌浆料浆液如已超过 30min(自制浆加水开始计算),除非有证据证明其流动度能满足下一个灌浆作业时间,否则不得继续使用,应废弃。

(8)现场存放灌浆料时,应搭设专门的灌浆料储存仓库,要求该仓库防雨、通风,仓库内搭设放置灌浆料存放架(离地一定高度),使灌浆料处于干燥、阴凉处。

(9)预制构件与现浇结构连接部分表面应清理干净,不得有油污、浮灰、粘贴物、木屑等杂物,并且在构件毛面处剔毛,且不得有松动的混凝土碎块和石子;与灌浆料接触的构件表面用水润湿且无明显积水,保证灌浆料与其接触构件接缝严密,不漏浆。当套筒、预留孔内有杂物时,应清理干净;当连接钢筋倾斜时,应进行校直。连接钢筋偏离套筒或孔洞中心线不宜超过 5mm。

**2. 构件连接**

(1)装配式结构采用现浇混凝土连接构件时,构件连接处后浇混凝土的强度应符合设计要求。

检查数量:同一配合比的混凝土,每工作班且建筑面积不超过 1000m² 时,应制作 1 组标准养护试件,同一楼层应制作不少于 3 组标准养护试件。

检验方法:检查混凝土强度报告。当叠合层或连接部位等的后浇混凝土与现浇结构同时浇筑时,可合并验收。对有特殊要求的后浇混凝土应单独制作试块进行检验评定。

(2)钢筋采用焊接连接时,其接头质量应符合现行行业标准《钢筋焊接及验收规程》(JGJ 18—2012)的规定。

检查数量:按现行行业标准《钢筋焊接及验收规程》(JGJ 18—2012)的有关规定确定。

检验方法:检查质量证明文件及平行加工试件的检验报告。

考虑到装配式混凝土结构中钢筋连接的特殊性,很难做到连接试件原位截取,故要求制作平行加工试件。平行加工试件应与实际钢筋连接接头的施工环境相似,并宜在工程结构附近制作。

(3)钢筋采用机械连接时,其接头质量应符合现行行业标准《钢筋机械连接技术规程》(JGJ 107—2016)的规定。

检查数量:按现行行业标准《钢筋机械连接技术规程》(JGJ 107—2016)的规定确定。

检验方法:检查质量证明文件、施工记录及平行加工试件的检验报告。

平行加工试件应与实际钢筋连接接头的施工环境相似,并宜在工程结构附近制作。钢筋采用机械连接时,螺纹接头应检验拧紧扭矩值,挤压接头应量测压痕直径,检验结果应符合现行行业标准《钢筋机械连接技术规程》(JGJ 107—2016)的规定。

(4)预制构件采用焊接、螺栓连接等连接方式时,其材料性能及施工质量应符合国家现行标准《钢结构工程施工质量验收标准》(GB 50205—2020)和《钢筋焊接及验收规程》(JGJ 18—2012)的相关规定。

检查数量:按现行国家标准《钢结构工程施工质量验收标准》(GB 50205—2020)和《钢筋焊接及验收规程》(JGJ 18—2012)的规定确定。

检验方法:检查施工记录及平行加工试件的检验报告。在装配式结构中,常会采用钢筋或钢板焊接、螺栓连接等"干式"连接方式,此时钢材、焊条、螺栓等产品或材料应按批进行进场检验,施工焊缝及螺栓连接质量应按国家现行标准《钢结构工程施工质量验收标准》(GB 50205—2020)和《钢筋焊接及验收规程》(JGJ 18—2012)的相关规定进行检查验收。

## 6.2.3 工程施工质量验收一般项目

**1. 结构安装偏差**

安装施工前,应进行测量放线、设置构件安装定位标识。使用钢尺时,应进行钢尺鉴定误差、温度测定误差修正,并消除定线误差、钢尺倾斜误差、拉力不均匀误差、钢尺对准误差、读数误差等。每层轴线间偏差在±2mm,层高垂直偏差在±2mm。所有测量计算值均应列表,并应有计算人、复核人签字。在仪器操作上,测站与后视方向应用控制网点,避免转站而造成积累误差。定点测量应避免垂直角大于45°。对易产生位移的控制点,使用前应进行校核。必须在3个月内对控制点进行校核,避免因季节变化而引起误差。在施工过程中,要加强对层高、轴线和净空平面尺寸的测量复核工作。安装施工前,应复核构件装配位置、节点连接构造及临时支撑方案等,应检查复核吊装设备及吊具处于安全操作状态,应核实现场环境、天气、道路状况等满足吊装施工要求。

　　装配式结构施工后,预制构件位置、尺寸偏差及检验方法应符合设计要求;当设计无具体要求时,应符合表6-14的规定。

表 6-14　装配式结构预测构件位置和尺寸允许偏差及检验方法表

| 项　　目 | | | 允许偏差/mm | 检验方法 |
|---|---|---|---|---|
| 构件轴线位置 | 竖向构件(柱、墙、桁架) | | 5 | 用经纬仪及尺量 |
| | 水平构件(梁、楼板) | | 5 | |
| 标高 | 梁、柱、墙板楼板底面或顶面 | | ±5 | 用水准仪或拉线、尺量 |
| 构件垂直度 | 柱、墙板安装后的高度 | <6m | 5 | 用经纬仪或吊线、尺量 |
| | | >6m | 10 | |
| 构件倾斜度 | 梁、桁架 | | 5 | 用经纬仪或吊线、尺量 |
| 相邻构件平整度 | 梁、楼板底面 | 外露 | 3 | 用2m靠尺和塞尺量测 |
| | | 不外露 | 5 | |
| | 柱、墙板 | 外露 | 5 | |
| | | 不外露 | 7 | |
| 构件搁置长度 | 梁、板 | | ±10 | 用尺量 |
| 支座、支垫中心位置 | 板、梁、柱、墙、桁架 | | 10 | 用尺量 |
| 墙板接缝宽度 | | | ±5 | 用尺量 |

　　检查数量:按楼层、结构缝或施工段划分检验批。在同一检验批内,对梁、柱和独立基础,应抽查构件数量的10%,且不应少于3件;对墙和板,应按有代表性的自然间抽查10%,且不应少于3间;对大空间结构,墙可按相邻轴线间高度5m左右划分检查面,板可按纵、横轴线划分检查面,抽查10%,且均不应少于3面。

　　**2. 防水性能**

　　对于装配式结构,应注意结构的防水性能检验,特别是外墙板接缝防水,所选用防水密封材料应符合相关规范要求。拼缝宽度应满足设计要求。宜采用构造防水与材料防水相结合的方式。对于进场的外墙板,在堆放、吊装过程中,应注意保护其空腔侧壁、立槽、滴水槽以及水平缝等防水构造部位。在竖向接缝合拢后,其减压空腔应畅通,在竖向接缝封闭前,应先清理防槽。外墙水平缝应先清理防水空腔,在空腔底部铺放橡塑型材,并在外侧封闭。

竖缝与水平缝的勾缝应着力均匀,不得将嵌缝材料挤进空腔内。外墙十字缝接头处的塑料条应插到下层外墙板的排水坡上。在进行材料防水时,墙板侧壁应清理干净,保持干燥,然后刷一道底油。事先应对嵌缝材料的性能、质量和配合比进行检验,嵌缝材料应与板材牢固黏结。

## 6.2.4　工程施工质量验收程序与文件资料收集

　　装配式混凝土建筑施工应按现行国家标准《建筑工程施工质量验收统一标准》(GB 50300—2013)的有关规定进行单位工程、分部工程、分项工程和检验批的划分和质量验收。土建工程分为四个分部:地基与基础、主体结构(预制与现浇)、建筑装饰装修、建筑屋面。机电安装分为五个分部:建筑给排水及采暖、建筑电气、智能建筑、通风与空调、电梯。建筑节能为一个分部。装配式混凝土建筑的装饰装修、机电安装等分部工程应按国家现行有关标准进行质量验收。装配式混凝土结构工程应按混凝土结构子分部工程进行验收,装配式混凝土结构部分应按混凝土结构子分部工程的分项工程验收,混凝土结构子分部中其他分项工程应符合现行国家标准《混凝土结构工程施工质量验收规范》(GB 50204—2015)的有关规定。验收要满足以下条件:结构实体检验符合要求,结构观感质量验收应合格,有完整的全过程质量控制资料,所含分项工程验收质量应合格,混凝土结构子分部工程验收时,除应根据现行国家标准《混凝土结构工程施工质量验收规范》(GB 50204—2015)的有关规定提供文件和记录外,还应提供下列文件和记录。

　　(1)工程设计文件、预制构件安装施工图和加工制作详图。

　　(2)预制构件、主要材料及配件的质量证明文件、进场验收记录、抽样复验报告。

　　(3)预制构件安装施工记录。

　　(4)钢筋套筒灌浆型式检验报告、工艺检验报告和施工检验记录,浆锚搭接连接的施工检验记录。

　　(5)后浇混凝土部位的隐蔽工程检查验收文件。

　　(6)后浇混凝土、灌浆料、坐浆材料强度检测报告。

　　(7)外墙防水施工质量检验记录。

　　(8)装配式结构分项工程质量验收文件。

　　(9)装配式工程的重大质量问题的处理方案和验收记录。

　　(10)装配式工程的其他文件和记录。

## 学习小结

## 复习思考题

1. 预制构件在工厂生产时有哪些质量控制要点？

2. 装配式构件现场施工的质量标准是什么？

3. 灌浆连接有哪些注意事项？

4. 装配式混凝土结构工程需要收集哪些验收资料？

# 第 7 章　装配式混凝土建筑安全生产

**学习目标**

　　通过本章的学习,了解装配式混凝土建筑的安全生产相关内容,安全生产管理体系,高处作业防护,临时用电安全,起重吊装安全以及现场防火。

## 7.1　安全生产管理体系

### 7.1.1　安全生产管理主体责任类别

　　装配式混凝土结构施工应符合《装配式混凝土建筑技术标准》(GB/T 51231—2016)、《建筑施工高处作业安全技术规范》(JGJ 80—2016)、《建筑机械使用安全技术规程》(JGJ 33—2012)、《施工现场临时用电安全技术规范》(JGJ 46—2005)、《建设工程施工现场消防安全技术规范》(GB 50720—2011)、《建筑施工脚手架安全技术统一标准》(GB 51210—2016)等现行标准的相关规定。

　　建设、勘察、设计、施工、监理、监测等单位依法对工程安全负责。建设工程实行施工总承包的,由总承包单位对施工现场的安全生产负总责。总承包单位依法将建设工程分包给其他单位的,分包合同中应当明确各自在安全生产方面的权利、义务。总承包单位和分包单位对分包工程的安全生产承担连带责任。分包单位应当服从总承包单位的安全生产管理,分包单位不服从管理导致生产安全事故的,由分包单位承担主要责任。

　　1. 建设单位

　　(1)建设单位应按有关规定将装配式建筑施工图设计文件送审查机构审查。有涉及与结构安全、使用功能相关的重要设计变更时,需送原审查机构重新审图。

　　(2)建设单位应根据装配式建筑施工特点,选择市场信誉好、施工能力强、管理水平高、工程质量安全有保证的施工队伍承接项目施工。

　　(3)建设单位应要求监理单位对预制混凝土构件生产环节加强监理。

　　(4)建设单位应建立相应的工作制度,组织工程参建各方进行预制混凝土构件生产的验收和现场安装样板验收,合格后方可进行批量生产或后续施工。

　　2. 设计单位

　　(1)施工图设计文件应严格执行装配式建筑设计文件编制要求及审读规定,应对可能存在的质量安全风险作出提示。

　　(2)设计单位应会同施工单位充分考虑构件吊点、塔吊和施工机械附墙预埋件、脚手架拉结等施工安全因素,提出施工过程中确保质量安全的措施。

(3)工程设计单位应对与运输、安装有关的预埋件进行复核和确认。吊环宜采用HPB300级钢筋制作,严禁采用冷加工钢筋,对于HPB300钢筋,吊环应力不应大于65MPa,吊环锚入混凝土中的深度不应小于30d(d为吊环钢筋直径),且应焊接或绑扎在钢筋骨架上。构件吊装采用的其他形式吊件应符合现行国家标准要求。焊接采用的焊条型号应与主体金属力学性能相适应。

**3. 施工单位**

(1)施工单位应大力推进BIM技术的运用,以达到工序、工艺、设施设备符合质量安全管理的要求。

(2)施工单位应依据国家现行相关标准规范,由项目技术负责人组织相关专业技术人员,结合工程实际,根据《装配式结构工程施工质量验收规程》(DGJ32/J 184—2016)、《装配式混凝土结构建筑工程施工安全管理导则》编制装配式混凝土结构施工质量安全专项方案,经建设单位组织专家论证后,并按规定经监理审核批准后报属地质量安全监督机构登记备查。

(3)施工总包单位应根据施工现场构件堆场设置、设备设施安装使用、因吊装造成非连续施工等特点,编制安全生产文明施工措施方案,并严格执行。

(4)施工单位应建立健全各项安全管理制度,明确各职能部门的安全职责。应对施工现场定期组织安全检查,并对检查发现的安全隐患责令相关单位进行整改,对易发生安全事故的部位、环节实施动态监控,包括旁站监督等;施工现场应具有健全的装配式施工安全管理体系、安全交底制度、施工安全检验制度和综合安全控制考核制度。

(5)机械管理员应对机械设备的进场、安装、使用、退场等进行统一管理。

(6)选择吊装机械时,应综合考虑最大构件质量、吊次、吊运方法、路径、建筑物高度、作业半径、工期及现场条件等所涉及安全因素。塔吊及其他吊装设备的选型及布置应满足最不利构件吊装要求,并严禁超载吊装。

(7)塔吊、施工升降机等附着装置宜设置在现浇部位,当无现浇部位时,应在构件深化设计阶段考虑附着预留。

**4. 监理单位**

(1)监理单位应严格审查装配式混凝土结构施工质量安全专项方案,并根据专项方案编制可操作性的监理实施细则,明确监理的关键环节、关键部位及旁站巡视等要求,关键环节和关键部位旁站应留存影像等相关资料。

(2)监理单位应切实履行相关监理职责,加强对原材料验收、检测、隐蔽工程验收和检验批验收;加强对预制构件生产的监理,实施预制构件生产驻场监理时,应加强对原材料和实验室的监理。

(3)监理单位应加强现场安全管理的监管,对施工单位吊装前的准备工作、吊装过程中的管理人员到岗情况、作业人员的持证上岗情况、临边作业的防护措施及相关辅助设施的设置进行严格管理。

**5. 预制构件生产单位**

(1)生产单位应按照审查合格的施工图设计文件进行预制构件的生产。

（2）生产单位应编制预制构件生产方案，明确质量保证措施，加强预制构件生产过程中的质量控制，加强实验室技术力量建设，加强原材料、混凝土强度、连接件、构件性能等的检验。

（3）生产单位应对检验合格的预制构件进行标识。标识时，可以采用芯片或二维码，并建立构件信息管理系统，确保构件信息的可靠性和追溯性。对于出厂的构件，应提供完整的质量证明文件。

## 7.1.2　构件生产安全管理

**1. 一般规定**

（1）预制构件生产前，应编制生产方案，生产的方案宜包括安全控制措施、成品存放、运输和保护方案等。

（2）预制构件生产前，生产厂区技术负责人应对生产人员进行安全专项交底。

（3）在构件生产过程中，除应对建筑、结构设计的隐蔽分项工程进行隐蔽工程验收外，还应对施工安装工艺有要求的临时性预置埋件、吊耳、孔洞等进行专项验收。

（4）构件制作单位应在构件预制前根据设计文件，对各种构件在施工过程的受力点及预留、预埋件等进行必要的复核。

（5）监理单位应指派专业监理工程师进驻生产厂区，在对构件生产的技术、工艺和产品质量进行安全生产监督管理。

（6）构件的吊运、翻转应按设计要求使用专用吊点。构件脱模时，应使用专设顶推工具，严禁野蛮撬、挖、打，各种不同用途的吊点应在构件脱模后及时做好标识标记。

**2. 设备及安全设施**

（1）禁止使用国家明令淘汰、危及生产安全的工艺和设备。

（2）应设专人负责管理各种设备及安全设施，制订安全操作规程。建立台账，定期检修维修。应对设备及安全设施制订检修维修计划。

（3）检修维修设备及安全设施前，应制订方案。检修维修方案应包含作业行为分析和控制措施，检修维修过程中应执行隐患控制措施，并进行监督检查。

（4）装配式预制构件生产企业应执行设备及安全设施到货验收和报废管理制度，应使用质量合格、设计符合当前要求的设备及安全设施。

（5）装配式预制构件生产企业在平台、通道或工作面上可能使用工具、机器部件或物品的场合，应在所有敞开边缘设置带踢脚板的防护栏杆。

（6）预制构件养护窑移动升降车的安全与防护应符合相关规定。

**3. 生产工艺安全**

（1）混凝土掺用外加剂应经检验符合要求后方可使用。严禁在混凝土中使用含氯盐的外加剂。

（2）钢筋宜采用冷轧带肋钢筋 CRB550、消除应力低松弛螺旋肋钢丝和钢绞线，其材质和性能应分别符有关规定。

（3）吊钩应采用未经冷加工的 HPB235（Q235）级钢筋制作，预埋钢板应采用 Q235-B 制作，其材质应分别符合有关规定。

（4）安装模板时,上、下应有人接应,随装随运,严禁抛掷,且不得将模板支搭在门窗框上,也不得将脚手板支搭在模板上,并严禁将模板与上料井架及有车辆运行的脚手架或操作平台支成一体。

（5）在支模过程中,如遇中途停歇,应将已就位模板或支架连接稳固,不得浮搁或悬空。

（6）拆模中途停歇时,应将已松扣或已拆松的模板、支架等拆下运走,防止构件坠落或作业人员扶空坠落受伤。

（7）模板施工中应设专人负责安全检查,发现问题时,应报告有关人员处理。当遇险情时,应立即停工和采取应急措施;待修复或排除险情后,方可继续施工。

**4. 构件转运**

（1）应根据预制构件的形状、尺寸、质量和作业半径等要求选择吊索具和起重设备,所采用的吊具和起吊设备及其操作,应符合国家现行标准及产品应用技术手册的规定。

（2）吊点数量、位置应经计算确定,应保证吊具连接可靠,应采取保证起重设备的主钩位置、吊具及构件重心在竖直方向上重合的措施。

（3）构件转运作业不宜在视线不佳的情况下实施,在风力达到5级及以上或大雨、大雪、大雾等恶劣天气时,应停止露天吊装转运作业。

（4）吊装大型构件、薄壁构件或者形状复杂的构件时,应使用分配梁或分配桁架类吊具,并采取避免构件变形和损伤的临时加固措施。

（5）在构件运输过程中,应均匀放置构件,并根据构件种类采用可靠的固定措施,防止因构件移动或倾倒、放置偏载而导致整车倾倒。

**5. 构件存放**

（1）根据现场吊装平面规划位置,按照类型、编号、吊装安装顺序、方向等确定运输、堆放计划,分类存放,堆场应设置围护,并悬挂标牌、警示牌。

（2）预制构件堆场应平整、坚实化,并有排水措施。构件之间应有充足的作业空间。

（3）预制构件堆场地基承载力需根据构件质量进行承载力验算,满足要求后方能堆放。在软弱地基部位设置的堆场,应落实设计单位验算提出的支撑措施。

（4）构件应按设计支撑位置堆放平稳,底部设置垫木;对重心较高的竖向构件,应设置专门的支承架,采用背靠法或插放法堆放两侧设置不少于2道支撑使其稳定;对于超高、超宽、形状特殊的大型构件的堆码,应设计有针对性的支撑和加垫措施。

（5）构件堆场严禁烟火,堆场与动火区域距离符合规定,配备充足的消防器材。

**6. 构件出厂运输**

（1）预制构件生产工厂应制订预制构件的专项运输方案,其内容应包含运输时间、次序、存放场地、运输路线、固定要求码放支垫及成品保护措施等。对于超高、超宽、形状特殊的大型构件的运输和码放,应采取质量、安全专项保证措施。

（2）在构件运输过程中,车辆应遵守国家《道路交通安全法》及《道路交通安全法实施条例》有关法规要求。存在超宽、超高、超长等超限的运输车辆,应依据国家《道路交通安全法实施条例》有关规定,向公路管理机构申请公路超限运输许可。承运人应持有效"超限运输车辆通行证",并悬挂明显标志,按公路管理机构核定的时间、路线和时速在公路上行驶。

(3)应根据构件特点采用不同的运输方式,托架、靠放架、插放架应进行专门设计,进行强度、稳定性和刚度验算。

(4)在构件运输过程中,应做好安全和成品防护,并应符合有关技术要求,方可放行出厂。

# 7.2　高处作业防护

**1. 高处作业的概念**

高处作业是指凡在坠落高度基准面 2m 以上(含 2m)有可能坠落的高处进行的作业。坠落高度基准面是指从作业位置到最低坠落着落点的水平面。

**2. 高处作业的分类与坠落易发部位**

一级高处作业:高度在 2~5m(含 2m)高处的作业,其可能坠落半径为 2m。

二级高处作业:高度在 5~15m(含 5m)高处的作业,其可能坠落半径为 3m。

三级高处作业:高度在 15~30m(含 15m)高处的作业,其可能坠落半径为 4m。

特级高处作业:高度在 30m 以上(含 30m)高处的作业,其可能坠落半径为 5m。

**3. 高处作业安全防护要求**

高处作业时,应符合以下安全防护要求。

(1)高处作业施工前,应按类别对安全防护设施进行检查、验收,验收合格后方可进行作业,并应做验收记录。验收可分层或分阶段进行。

(2)高处作业施工前,应对作业人员进行安全技术交底,并做好记录。应对初次作业人员进行培训。

(3)应根据要求将各类安全警示标志悬挂于施工现场各相应部位,夜间应设红灯警示。高处作业施工前,应检查高处作业的安全标志、工具、仪表、电气设施和设备,确认其完好后,方可进行施工。

(4)高处作业人员应根据作业的实际情况配备相应的高处作业安全防护用品,并应按规定正确佩戴和使用相应的安全防护用品、用具。

(5)对施工作业现场可能坠落的物料,应及时拆除或采取固定措施。高处作业所用的物料应堆放平稳,不得妨碍通行和装卸。工具应随手放入工具袋;作业中的走道、通道板和登高用具,应随时清理干净;拆卸下的物料及余料和废料应及时清理运走,不得随意放置或向下丢弃。传递物料时,不得抛掷。

(6)高处作业应按现行国家标准《建设工程施工现场消防安全技术规范》(GB 50720—2011)的规定,采取防火措施。

(7)在雨、霜、雾、雪等天气进行高处作业时,应采取防滑、防冻和防雷措施,并应及时清除作业面上的水、冰、雪、霜。

(8)当遇有 6 级及以上强风、浓雾、沙尘暴等恶劣气候时,不得进行露天攀登与悬空高处作业。雨雪天气后,应对高处作业安全设施进行检查,当发现有松动、变形、损坏或脱落等现象时,应立即修理完善,维修合格后方可使用。

**4. 临边洞口作业防护要求**

在临边洞口作业时,应符合以下防护要求。

(1)坠落高度基准面 2m 及以上进行临边作业时,应在临空一侧设置防护栏杆,并采用密目式安全立网或工具式栏板封闭。

(2)施工的楼梯口、楼梯平台和梯段边,应安装防护栏杆;对外设楼梯口、楼梯平台和梯段边,还应采用密目式安全立网封闭。

(3)建筑物外围边沿处,对没有设置外脚手架的工程,应设置防护栏杆;对有外脚手架的工程,应采用密目式安全立网全封闭。密目式安全立网应设置在脚手架外侧立杆上,并与脚手杆紧密连接。

(4)施工升降机、龙门架和井架物料提升机等在建筑物间设置的停层平台两侧边,应设置防护栏杆、挡脚板,并应采用密目式安全立网或工具式栏板封闭。

(5)停层平台口应设置高度不低于 1.8m 的楼层防护门,并设置防外开装置。在井架物料提升机通道中间,应分别设置隔离设施。

(6)当竖向洞口短边边长小于 500mm 时,应采取封堵措施;当垂直洞口短边边长大于或等于 500mm 时,应在临空一侧设置高度不小于 1.2m 的防护栏杆,并应采用密目式安全立网或工具式栏板封闭,设置挡脚板。

(7)当非竖向洞口短边边长为 25～500mm 时,应采用承载力满足使用要求的盖板覆盖,盖板四周应搁置均衡,且应防止盖板移位。

(8)当非竖向洞口短边边长为 500～1500mm 时,应采用盖板覆盖或防护栏杆等措施,并应固定牢固。

(9)当非竖向洞口短边边长大于或等于 1500mm 时,应在洞口作业侧设置高度不小于 1.2m 的防护栏杆,洞口应采用安全平网封闭。

**5. 规范关于装配式建筑预制混凝土构件安装作业的要求**

(1)装配式混凝土建筑施工应执行国家、地方、行业和企业的安全生产法规和规章制度,落实各级各类人员的安全生产责任制。

(2)施工单位应根据工程施工特点对重大危险源进行分析并予以公示,并制订相对应的安全生产应急预案。

(3)施工单位应对从事预制构件吊装作业及相关人员进行安全培训与交底,识别预制构件进场、卸车、存放、吊装、就位各环节的作业风险,并制订防控措施。

(4)安装作业开始前,应对安装作业区进行围护,并做出明显的标识,拉警戒线,根据危险源级别安排旁站,严禁与安装作业无关的人员进入作业区。

(5)施工作业使用的专用吊具、吊索、定型工具式支撑、支架等,应进行安全验算,使用中应进行定期、不定期检查,确保其安全状态。

(6)吊装作业安全应符合下列规定。

① 预制构件起吊后,应先将预制构件提升 300mm 左右后,停稳构件,检查钢丝绳、吊具和预制构件状态,确认吊具安全且构件平稳后,方可缓慢提升构件。

② 吊机吊装区域内,严禁非作业人员进入;吊运预制构件时,严禁构件下方站人,待预制构件降落至距地面 1m 以内方准作业人员靠近,就位固定后方可脱钩。

③ 高空应通过揽风绳改变预制构件方向,严禁高空直接用手扶预制构件。

④ 遇到雨、雪、雾天气,或者风力大于 5 级时,不得进行吊装作业。

(7) 施工期间环境要求如下。

① 预制构件安装施工期间,噪声控制应符合现行国家标准《建筑施工场界环境噪声排放标准》(GB 12523—2011)的规定。

② 施工现场应加强对废水、污水的管理,现场应设置污水池和排水沟。废水、废弃涂料、胶料应统一处理,严禁未经处理直接排入下水管道。

③ 夜间施工时,应防止光污染对周边居民的影响。

④ 预制构件运输过程中,应保持车辆整洁,防止对场内道路的污染,并减少扬尘。在安装过程中,应对废弃物等进行分类回收。对施工中产生的胶黏剂、稀释剂等废弃物,应及时收集送至指定储存器内,并按规定回收,严禁丢弃未经处理的废弃物。

# 7.3　临时用电安全

**1. 临时用电的报验手续等要求**

(1) 按规定编制临时用电施工组织设计,并履行审核、验收手续。

(2) 用电设备在 5 台及以上或设备总容量 50kW 及以上者,应编制施工用电组织设计。

(3) 临时用电组织设计及变更时,必须履行"编制、审核、批准"程序,由电气工程技术人员编制,经相关部门审核及具有法人资格企业的技术负责人批准后实施。变更用电组织设计时,应补充有关图纸资料。

(4) 临时用电工程同时必须经编制、审核、批准部门和使用单位共同验收,合格后方可投入使用。

(5) 施工现场临时用电必须建立安全技术档案,并应包括下列内容。

① 用电组织设计的全部资料。

② 修改用电组织设计的资料。

③ 用电技术交底资料。

④ 用电工程检查验收表。

⑤ 电气设备的试、检验凭单和调试记录。

⑥ 接地电阻、绝缘电阻和漏电保护器漏电动作参数测定记录表。

⑦ 定期检(复)查表。

⑧ 电工安装、巡检、维修、拆除工作记录。

(6) 施工现场临时用电管理应符合相关要求。

(7) 施工现场配电系统应符合规范要求。

(8) 建筑施工现场临时用电工程专用的电源中性点直接接地的 220V/380V 三相四线制低压电力系统,必须符合下列规定。

① 采用三级配电系统。

② 采用 TN-S 接零保护系统。

③ 采用二级漏电保护系统。

**2. 在建工程的临时用电要求**

（1）在建工程不得在外电架空线路正下方施工，搭设作业棚，建造生活设施，或堆放构件、架具、材料及其他杂物等，与周边与外电架空线路的边线之间的最小安全操作距离应符合规范规定。

（2）施工现场的机动车道与外电架空线路交叉时，架空路的最低点与路面的最小垂直距离应符合规范规定。开挖沟槽边缘与外电埋地电缆沟槽边缘之间的距离不得小于0.5m。在外电架空线路附近开挖沟槽时，必须会同有关部门采取加固措施，防止外电架空线路电杆倾斜、悬倒。

（3）严禁起重机越过无防护设施的外电架空线路作业。在外电架空线路附近吊装时，起重机的任何部位或被吊物边缘在最大偏斜时与架空线路边线的最小安全距离应符合规范规定。当达不到规范规定时，必须采取绝缘隔离防护措施，并应悬挂醒目的警告标志。架设防护设施时，必须经有关部门批准，采用线路暂时停电或其他可靠的安全技术措施，并应有电气工程技术人员和专职安全人员监护。防护设施与外电线路之间的安全距离不应小于规范数值。防护设施应坚固、稳定，且对外电线路的隔离防护应达到 IP30 级。无法实现防护措施时，必须与有关部门协商，采取停电、迁移外电线路或改变工程位置等措施，未采取上述措施的，严禁施工。

（4）配电系统应设置配电柜或总配电箱、分配电箱、开关箱，实行三级配电。配电系统宜使三相负荷平衡。220V 或 380V 单相用电设备宜接入 220V/380V 三相四线系统；当单相照明线路电流大于 30A 时，宜采用 220V/380V 三相四线制供电。

总配电箱以下可设若干分配电箱；分配电箱以下可设若干开关箱。总配电箱应设在靠近电源的区域，分配电箱应设在用电设备或负荷相对集中的区域，分配电箱与开关箱的距离不得超过 30m，开关箱与其控制的固定式用电设备的水平距离不宜超过 3m。每台用电设备必须有各自专用的开关箱，严禁用同一个开关箱直接控制 2 台及以上用电设备（含插座）。动力配电箱与照明配电箱宜分别设置。当合并设置为同一配电箱时，动力和照明应分路配电；必须分设动力开关箱与照明开关箱。配电箱、开关箱应装设在干燥、通风及常温场所，不得装设在有严重损伤作用的瓦斯、烟气、潮气及其他有害介质中，也不得装设在易受外来固体物撞击、强烈振动、液体浸溅及热源烘烤的场所。否则，应予清除或做防护处理。配电箱、开关箱周围应有足够 2 人同时工作的空间和通道，不得堆放任何妨碍操作、维修的物品，不得有灌木、杂草。

（5）电器装置的选择，配电箱、开关箱内的电器必须可靠、完好，严禁使用破损、不合格的电器。总配电箱的电器应具备电源隔离，正常接通与分断电路，以及短路、过载、漏电保护功能。电器设置应符合下列原则。

① 当总路设置总漏电保护器时，还应装设总隔离开关、分路隔离开关以及总断路器、分路断路器或总熔断器、分路熔断器。

② 当各分路设置分路漏电保护器时，还应装设总隔离开关、分路隔离开关以及总断路器、分路断路器或总熔断器、分路熔断器。

③ 当所设总漏电保护器或分路所设漏电保护器同时具备短路、过载、漏电保护功能的漏电断路器时，可不设总断路器或总熔断器。

④ 隔离开关应设置于电源进线端，应采用分断时具有可见分断点，并能同时断开电源

所有极的隔离电器。如采用分断时具有可见分断点的断路器,可不另设隔离开关。

⑤ 熔断器应选用具有可靠灭弧分断功能的产品。

⑥ 总开关电器的额定值、动作整定值应与分路开关电器的额定值、动作整定值相适应。

(6) 漏电保护器的选择应符合现行国家标准《剩余电流动作保护电器(RCD)的一般要求》(GB/T 6829—2017)和《剩余电流动作保护装置安装和运行》(GB/T 13955—2017)的规定。开关箱中漏电保护器的额定漏电动作电流不应大于 30mA,额定漏电动作时间不应大于 0.1s。当使用在潮湿或有腐蚀介质的场所时,漏电保护器应采用防溅型产品,其额定漏电动作电流不应大于 15mA,额定漏电动作时间不应大于 0.1s。

# 7.4　起重吊装安全

## 7.4.1　起重机械的一般规范要求

(1) 建筑起重机械进入施工现场时,须出具建筑起重机械特种设备制造许可证、产品合格证、制造监督检验证明、安装使用说明书和自检合格证明。

(2) 建筑起重机械的安全技术档案应包括下列内容。

① 购销合同、特种设备制造许可证、产品合格证、特种设备制造监督检验证明、安装使用说明书等原始资料。

② 定期检验报告、定期自行检查记录、定期维护保养记录、维修和技术改造记录、运行故障和生产安全事故记录、累积运转记录等运行资料。

③ 历次安装验收资料。

(3) 建筑起重机械的装拆应由具有起重设备安装工程承包资质的单位施工,操作和维修人员应持证上岗。

(4) 施工现场应提供符合起重机械作业要求的通道和电源等工作场地和作业环境。基础与地基承载能力应满足起重机械的安全使用要求。

(5) 在风速达到 9m/s 及以上或大雨、大雪、大雾等恶劣天气时,严禁进行建筑起重机械的安装拆卸作业。严禁利用限制器和限位装置代替操纵机构。在风速达到 12m/s 以上或大雨、大雪、大雾等恶劣天气时,应停止露天的起重吊装作业。重新作业前,应先试吊,并应确认各种安全装置灵敏可靠后进行作业。严禁利用限制器和限位装置代替操纵机构。

(6) 建筑起重机械作业时,应在臂长的水平投影覆盖范围外设置警戒区域,并应有监护措施;起重臂和重物下方不得有人停留、工作或通过。不得用吊车、物料提升机载运人员。严禁利用限制器和限位装置代替操纵机构。建筑起重机械使用的钢丝绳,应有钢丝绳制造厂提供的质量合格证明文件。

(7) 起重机械安装、拆卸符合要求《建筑起重机械安全监督管理规定》。

① 从事建筑起重机械安装、拆卸活动的单位(以下简称"安装单位")应当依法取得建设主管部门颁发的相应资质和建筑施工企业安全生产许可证,并在其资质许可范围内承揽建筑起重机械安装、拆卸工程。

② 建筑起重机械使用单位和安装单位应当在签订的建筑起重机械安装、拆卸合同中明

确双方的安全生产责任。实行施工总承包的,施工总承包单位应当与安装单位签订建筑起重机械安装、拆卸工程安全协议书。

③ 安装单位应当履行下列安全职责。

- 按照安全技术标准及建筑起重机械性能要求编制建筑起重机械安装、拆卸工程专项施工方案,并由本单位技术负责人签字。
- 按照安全技术标准及安装使用说明书等检查建筑起重机械及现场施工条件。
- 组织安全施工技术交底,并签字确认。
- 制订建筑起重机械安装、拆卸工程生产安全事故应急救援预案。
- 将建筑起重机械安装、拆卸工程专项施工方案安装、拆卸人员名单,安装、拆卸时间等材料报施工总承包单位,并由监理单位审核后,告知工程所在地县级以上地方人民政府建设主管部门。

④ 安装单位应当按照建筑起重机械安装、拆卸工程专项施工方案及安全操作规程,组织安装、拆卸作业安装单位的专业技术人员、专职安全生产管理人员进行现场监督,技术负责人应当定期巡查。

⑤ 安装单位应当建立建筑起重机械安装、拆卸工程档案。建筑起重机械安装、拆卸工程档案应当包括以下资料。

- 安装、拆卸合同及安全协议书。
- 安装、拆卸工程专项施工方案。
- 安全施工技术交底的有关资料。
- 安装工程验收资料。
- 安装、拆卸工程生产安全事故应急救援预案。

(8) 建筑起重机械安装拆卸工、起重信号工、起重司机、司索工等特种作业人员应当经建设主管部门考核合格,并取得特种作业操作资格证书后,方可上岗作业。省、自治区、直辖市人民政府建设主管部门负责组织实施建筑施工企业特种作业人员的考核。特种作业人员的特种作业操作资格证书由国务院建设主管部门规定统一的样式。

(9) 起重机械验收应符合以下要求。

① 建筑起重机械安装完毕后,安装单位应当按照安全技术标准及安装使用说明书的有关要求对建筑起重机械进行自检、调试和试运转。自检合格的,应当出具自检合格证明,并向使用单位进行安全使用说明。

② 建筑起重机械安装完毕后,使用单位应当组织出租、安装、监理等有关单位进行验收,或者委托具有相应资质的检验检测机构进行验收。建筑起重机械经验收合格后方可投入使用,不得使用未经验收或者验收不合格的起重机械。

③ 实行施工总承包的,由施工总承包单位组织验收。建筑起重机械在验收前,应当经有相应资质的检验检测机构监督检验合格。检验检测机构和检验检测人员对检验检测结果、鉴定结论依法承担法律责任。

## 7.4.2 塔式起重机的作业要求

(1) 升降作业应有专人指挥,专人操作液压系统,专人拆装螺栓。非作业

教学视频:装配式施工的安全管理要点

人员不得登上顶升套架的操作平台。操作室内应只准 1 人操作。

（2）升降作业应在白天进行。

（3）顶升前应预先放松电，电缆长度应大于顶升总高度，并成紧固好电绳。下降时，应适时收紧电缆。

（4）升降作业前，应对液压系统进行检查和试机，应在空载状态下将液压缸活家杆伸缩 3～4 次，检查无误后，再将液压缸活塞杆通过顶升梁借助顶升套架的支撑，顶起载荷 100～150mm，停 10min，观察液压缸载荷是否有下滑现象。

（5）开降作业时，应调整好顶升套架滚轮与塔身标准节的间隙，并应按规定要求使起重臂和平衡臂处于平衡状态，将回转机构制动。当回转台与塔身标准节之间的最后一处连接螺栓（销轴）拆卸困难时，应重新插入最后一处连接螺栓（销轴）对角方向的螺栓，再采取其他方法进行拆卸。不得用旋转起重臂的方法松动螺栓（销轴）。

（6）顶升撑脚（爬爪）就位后。应及时插上安全销，才能继续升降作业。

（7）升降作业完毕后，应按规定扭力紧固各连接螺栓，应将液压操纵杆扳到中间位置，并应切断液压升降机构电源。

## 7.4.3　规范关于多层框架结构吊装的规定

**1. 框架柱的吊装**

（1）应在下节柱的梁和柱间支撑安装焊接完毕，下节柱接头混凝土达到设计强度的 75% 以上后，方可进行节柱的安装。

（2）多机抬吊多层 H 形框架柱时，递送作业的起重机必须使用横吊梁起吊。

（3）柱就位后，应随即进行临时固定和校正。榫式接头应对称施焊四角钢筋接头后方可松钩；钢板接头，各边分层对称施焊 2/3 的长度后方可脱钩；H 形柱则应对称焊好四角钢筋后方可脱钩。

（4）重型或较长柱，应采用在柱间加设水平管式支撑或设缆风绳进行临时固定。

（5）吊装中用于保护接头钢筋的钢管或垫木应捆扎牢固。

**2. 楼层梁的吊装**

（1）吊装明牛腿式接头的楼层梁时，必须在梁端和柱牛腿上预埋的钢板焊接后方可脱钩。

（2）吊装齿槽式接头的楼层梁时，必须将梁端的上部接头焊好两根后方可脱钩。

**3. 楼层板的吊装**

（1）吊装两块以上的双 T 形板时，应将每块的吊索直接挂在起重机吊钩上。

（2）板重在 5kN 以下的小型空心板或槽形板，可采用平吊或兜吊，但板的两端必须保证水平。

（3）吊装楼层板时，严禁采用叠压式，并严禁在板上站人或放置小车等重物或工具。

## 7.4.4　规范关于装配式大板吊装的规定

（1）吊装大板时，宜从中间开始向两端进行，并应按先横墙后纵墙，先内墙后外墙，最后隔断墙的顺序逐间封闭吊装。

（2）采用横吊梁或吊索时，起吊应垂直平稳，吊索与水平线的夹角不宜小于60°。

（3）外墙板应在焊接固定后方可脱钩，内墙和隔墙板可在临时固定可靠后脱钩。

（4）圈梁混凝土强度必须达到75％以上，方可吊装楼层板。

（5）框架挂板及工业建筑墙板吊装必须符合相关规范的规定。

（6）框架挂板吊装应符合下列规定。

① 挂板的运输和吊装不得用钢丝绳兜吊，并严禁用铁丝捆扎。

② 挂板吊装就位后，应与主体结构（如柱、梁或墙等）临时或永久固定后方可脱钩。

（7）工业建筑墙板吊装应符合下列规定。

① 吊装时，应预埋吊环，立吊时应有预留孔。无吊环和预留孔时，吊索捆绑点距板端应不大于1/5板长。吊索与水平面夹角应不小于60°。

② 就位和校正后，必须做好可靠的临时固定或永久固定后方可脱钩。

# 7.5 现 场 防 火

## 7.5.1 施工现场的消防安全管理制度

（1）施工现场的消防安全管理应由施工单位负责。实行施工总承包时，应由总承包单位负责。分包单位应向总承包单位负责，并应服从总承包单位的管理，同时应承担国家法律、法规规定的消防责任和义务。

（2）监理单位应对施工现场的消防安全管理实施监理。

（3）施工单位应根据建设项目的规模、现场消防安全管理的重点，在施工现场建立消防安全管理组织机构及义务消防组织，并应确定消防安全负责人和消防安全管理人员，同时应落实相关人员的消防安全管理责任。

（4）施工单位应针对施工现场可能导致火灾发生的施工作业及其他活动，制订消防安全管理制度。消防安全管理制度应包括下列主要内容。

① 消防安全教育与培训制度。

② 可燃及易燃易爆危险品管理制度。

③ 用火、用电、用气管理制度。

④ 消防安全检查制度。

⑤ 应急预案演练制度。

（5）施工单位应编制施工现场防火技术方案，并应根据现场情况变化及时对其修改、完善。防火技术方案应包括下列主要内容。

① 施工现场重大火灾危险源辨识。

② 施工现场防火技术措施。

③ 临时消防设施、临时疏散设施配备。

④ 临时消防设施和消防警示标识布置图。

（6）施工单位应编制施工现场灭火及应急疏散预案。灭火及应急疏散预案应包括下列主要内容。

① 应急灭火处置机构及各级人员应急处置职责。

② 报警、接警处置的程序和通信联络的方式。

③ 扑救初起火灾的程序和措施。

④ 应急疏散及救援的程序和措施。

（7）施工人员进场时，施工现场的消防安全管理人员应向施工人员进行消防安全教育和培训。消防安全教育和培训应包括下列内容。

① 施工现场消防安全管理制度、防火技术方案、灭火及应急疏散预案的主要内容。

② 施工现场临时消防设施的性能及使用、维护方法。

③ 扑灭初起火灾及自救逃生的知识和技能。

④ 报警、接警的程序和方法。

（8）施工作业前，施工现场的施工管理人员应向作业人员进行消防安全技术交底。消防安全技术交底应包括下列主要内容。

① 施工过程中可能发生火灾的部位或环节。

② 施工过程应采取的防火措施及应配备的临时消防设施。

③ 初起火灾的扑救方法及注意事项。

④ 逃生方法及路线。

（9）施工过程中，施工现场的消防安全负责人应定期组织消防安全管理人员对施工现场的消防安全进行检查。消防安全检查应包括下列主要内容。

① 可燃物及易燃易爆危险品的管理是否落实。

② 动火作业的防火措施是否落实。

③ 用火、用电、用气是否存在违章操作，电、气焊及保温防水施工是否执行操作规程。

④ 临时消防设施是否完好有效。

⑤ 临时消防车道及临时疏散设施是否畅通。

（10）施工单位应依据灭火及应急疏散预案，定期开展灭火及应急疏散的演练。

施工单位应做好并保存施工现场消防安全管理的相关文件和记录，并应建立现场消防安全管理档案。

## 7.5.2　临时消防设施的一般规定

（1）施工现场应设置灭火器、临时消防给水系统和应急照明等临时消防设施。

（2）临时消防设施应与在建工程的施工同步设置。房屋建筑工程中，临时消防设施的设置与在建工程主体结构施工进度的差距不应超过 3 层。

（3）在建工程可利用已具备使用条件的永久性消防设施作为临时消防设施。当永久性消防设施无法满足使用要求时，应增设临时消防设施。

（4）施工现场的消火栓泵应采用专用消防配电线路。专用消防配电线路应自施工现场总配电箱的总断路器上端接入，且应保持不间断供电。

（5）临时消防给水系统的储水池、消火栓泵、室内消防竖管及水泵接合器等应设置醒目标识。

(6) 在建工程及临时用房的下列场所应配置灭火器。

① 易燃易爆危险品存放及使用场所。

② 动火作业场所。

③ 可燃材料存放、加工及使用场所。

④ 厨房操作间、锅炉房、发电机房、变配电房、设备用房、办公用房、宿舍等临时用房。

⑤ 其他具有火灾危险的场所。

(7) 施工现场灭火器配置应符合下列规定。

① 灭火器的类型应与配备场所可能发生的火灾类型相匹配。

② 灭火器的最低配置标准应符合表 7-1 规定。

表 7-1　灭火器的最低配置标准表

| 项　　目 | 固体物质火灾 | | 液体或可熔化固体物质火灾、气体火灾 | |
|---|---|---|---|---|
| | 单具灭火器最小灭火级别 | 单位灭火级别最大保护面积/(m²/A) | 单具灭火器单位灭火级别 | 最小灭火级别最大保护面积/(m²/B) |
| 易燃易爆危险品存放及使用场所 | 3A | 50 | 89B | 0.5 |
| 固定动火作业场 | 3A | 50 | 89B | 0.5 |
| 临时动火作业点 | 2A | 50 | 55B | 0.5 |
| 可燃材料存放、加工及使用场所 | 2A | 75 | 55B | 1.0 |
| 厨房操作间、锅炉房 | 2A | 75 | 55B | 1.0 |
| 自备发电机房 | 2A | 75 | 55B | 1.0 |
| 变配电房 | 2A | 75 | 55B | 1.0 |
| 办公用房、宿舍 | 1A | 100 | — | — |

③ 灭火器的配置数量应按现行国家标准《建筑灭火器配置设计规范》(GB 50140—2005)的有关规定经计算确定,且每个场所的灭火器数量不应少于 2 具。

④ 灭火器的最大保护距离应符合表 7-2 的规定。

表 7-2　灭火器的最大保护距离

| 灭火器配置场所 | 固体物质火灾/m | 液体或可熔化固体物质火灾、气体火灾/m |
|---|---|---|
| 易燃易爆危险品存放及使用场所 | 15 | 9 |
| 固定动火作业场 | 15 | 9 |
| 临时动火作业点 | 10 | 6 |

| 灭火器配置场所 | 固体物质火灾/m | 液体或可熔化固体物质火灾、气体火灾/m |
|---|---|---|
| 可燃材料存放、加工及使用场所 | 20 | 12 |
| 厨房操作间、锅炉房 | 20 | 12 |
| 发电机房、变配电房 | 20 | 12 |
| 办公用房、宿舍等 | 25 | — |

### 7.5.3 临时消防给水系统要求

（1）施工现场或其附近应设置稳定、可靠的水源，并应能满足施工现场临时消防用水的需要。

（2）消防水源可采用市政给水管网或天然水源。当采用天然水源时，应采取确保冰冻季节、枯水期最低水位时顺利取水的措施，并应满足临时消防用水量的要求。

（3）临时消防用水量应为临时室外消防用水量与临时室内消防用水量之和。

（4）临时室外消防用水量应按临时用房和在建工程的临时室外消防用水量的较大者确定，施工现场火灾次数可按同时发生 1 次来确定。

（5）临时用房建筑面积之和大于 $1000 m^2$，或在建工程单体体积大于 $10000 m^3$ 时，应设置临时室外消防给水系统。当施工现场处于市政消火栓 150m 保护范围内，且市政消火栓的数量满足室外消防用水量要求时，可不设置临时室外消防给水系统。

（6）临时用房的临时室外消防用水量不应小于表 7-3 的规定。

表 7-3　临时用房的临时室外消防用水量

| 临时用房的建筑面积之和 | 火灾延续时间 | 消火栓用水量 | 每支水枪最小流量 |
|---|---|---|---|
| $1000 m^2 <$ 面积 $\leqslant 5000 m^2$ | 1h | 10L/s | 5L/s |
| 面积 $> 5000 m^2$ | | 15L/s | 5L/s |

## 学习小结

复习思考题

1. 安全生产管理有哪些主体?

2. 高处作业有哪些分类?

3. 简述临时用电组织设计及变更时,需要履行的程序。

4. 遇到恶劣天气时,在什么情况下,应停止起重吊装作业?

5. 结合章节学习,谈一谈如何加强安全生产管理。

# 第 8 章　BIM技术在装配式建筑中的应用

在装配式建筑中采用 BIM 技术,可以打通装配式建筑深化设计、构件生产、装配施工环节等全产业链的 BIM 技术应用,并实现 BIM 交付、数据共享。通过建立基于 BIM、物联网等技术的云平台,为装配式建筑提供平台支撑,畅通产业链各参与方之间在各阶段、各环节的信息渠道。

目前,很多装配式建筑工程在深化设计、构件生产、装配施工等过程中尝试应用 BIM 技术。在预制构件深化设计阶段,应用 BIM 技术可以建立丰富的预制构件资源库,提高深化设计效率;在预制构件加工阶段,可以在预制工厂、运输和施工现场之间,应用物联网技术对预制构件的加工信息、库存信息、运输信息和现场堆放信息进行有效管理;在现场安装阶段,研发和应用基于 BIM、物联网的预制装配式施工现场管理系统,可以突破地域、时间界限,对施工现场的各种生产要素进行合理配置与优化。

## 8.1　BIM 的概念

BIM(Building Information Modeling,建筑信息模型)技术被国际工程界公认为建筑业生产力革命性技术,即在建筑设计、施工、运维过程的整个或者某个阶段中,应用 3D(三维模型)、4D(三维模型+时间)、5D(三维模型+时间+投标工序)、6D(三维模型+时间+投标工序+企业定额工序)、7D(三维模型+时间+投标工序+企业定额工序+进度工序)的信息技术,来进行协同设计、协同施工、虚拟仿真、工程量计算、造价管理、设施运行的技术和管理手段。可以认为,BIM 就是一个 7D 结构化数据库,它将数据细化到构件级别,甚至到材料级别。应用 BIM 信息技术,可以消除各种可能导致工期拖延的设计隐患,提高项目实施中的管理效率,并且促进工程量和资金的有效管理。

## 8.2　设计阶段应用

### 8.2.1　方案设计阶段

方案设计阶段的 BIM 应用,主要是利用 BIM 技术对项目的设计方案进行可视化展示以及主要经济指标分析,确定建造目标与技术实施方案,并根据技术策划实施方案初步确定建筑平、立面方案以及结构体系、预制构件种类。

教学视频:BIM 技术在装配式建筑中的应用

### 1. 场地分析

建立场地模型,借助软件模拟分析场地数据,如坡度、坡向、高程、纵横断面、填挖量、等高线等,如图 8-1 所示。可根据分析结果,评估场地设计方案,对于不合理或存在缺陷之处,重新调整方案并分析评估。

### 2. 方案模型分析

方案模型阶段宜建立装配式户型库和装配式 BIM 构件库,并区分表达现浇部分和预制部分构件(预制部分包含钢构件);且应根据项目实际需求创建集成厨房、集成卫生间、标准化户型模型、全装修、机电一体化以及单元式幕墙模型等,如图 8-2 所示。校验建筑、结构、机电专业模型的准确性、完整性以及模型深度是否满足要求。

图 8-1  场地分析数据                         图 8-2  方案模型阶段搭建区分示意图

### 3. 装配率计算

可根据各地装配式建筑装配率计算方法确定以下计算需求。

(1) 竖向承重预制构件体积,竖向承重构件总体积。

(2) 水平预制构件投影面积,建筑平面总面积。

(3) 非承重围护墙非砌筑墙体的外表面积,非承重围护墙外表总面积。

(4) 围护墙采用墙体、保温、隔热、装饰一体化的墙面外表面积,围护墙外表总面积。

(5) 内隔墙非砌筑墙体的墙面面积,内隔墙墙面总面积。

(6) 内隔墙采用墙体、管线、装修一体化的墙面面积。

(7) 干式工法楼面、地面的水平投影面积。

(8) 厨房墙面、顶面和地面采用干式工法的面积,厨房的墙面、顶面和地面的总面积。

(9) 卫生间墙面、顶面和地面采用干式工法的面积,卫生间的墙面、顶面和地面的总面积。

(10) 管线分离的长度,电气、给排水、采暖管线的总长度。

由 BIM 模型输出相关计算数据和表格,如图 8-3 所示。

| | | 编号 | 组型 | 图形 | 尺寸 | 预制体积(m^3) | 预制重量(t) | 数量 | 总预制体积/m | 总预制重量/m |
|---|---|---|---|---|---|---|---|---|---|---|
| | | WQ-1-1 | WQC1-4028-2013 | | 3980 x 340 x 2780 | 2.35 | 4.21 | 1 | 2.35 | 4.21 |
| | | WQ-10-1 | WQM-3028-1822 | | 2980 x 340 x 2780 | 0.93 | 1.51 | 1 | 0.93 | 1.51 |
| | | WQ-11-1 | WQM-2728-1522 | | 2680 x 340 x 2780 | 0.89 | 1.43 | 1 | 0.89 | 1.43 |
| | | WQ-12-1 | WQC1-3428-2013 | | 3380 x 340 x 2780 | 1.80 | 3.16 | 1 | 1.80 | 3.16 |
| | | WQ-13-1 | WQM-2028-722 | | 1980 x 340 x 2780 | 0.86 | 1.39 | 1 | 0.66 | 1.39 |
| | | WQ-14-1 | WQ-2328 | | 2280 x 340 x 2780 | 1.75 | 3.14 | 1 | 1.75 | 3.14 |
| | | WQ-15-1 | WQM-2428-722 | | 2380 x 340 x 2780 | 1.23 | 2.08 | 1 | 1.23 | 2.08 |
| | | WQ-16-1 | WQ-2628 | | 2580 x 340 x 2780 | 1.95 | 3.46 | 1 | 1.95 | 3.46 |
| | | WQ-17-1 | WQM-2828-1522 | | 2780 x 340 x 2780 | 1.14 | 2.00 | 1 | 1.14 | 2.00 |
| | | WQ-18-1 | WQ-2428 | | 2380 x 340 x 2780 | 1.77 | 3.11 | 1 | 1.77 | 3.11 |
| | | WQ-19-1 | WQM-5228-3422 | | 5330 x 340 x 2780 | 1.86 | 3.26 | 1 | 1.86 | 3.26 |

图 8-3  预制外墙体积统计

## 8.2.2 施工图设计阶段

施工图设计阶段 BIM 技术应用包括建立建筑、结构、机电、内装等完整的 BIM 模型,开展多专业模型整合;各专业之间进行碰撞检查和净空检查,并对设计不合理处进行修改,开展管线优化设计;对各连接节点进行可视化信息表达,并指导出图。在三维设计模型的基础上对构件进行拆分,并对各类型预制构件的数量进行统计,降低预制构件的类型和质量;精确统计预制构件的体积和质量,指导装配率的计算。

### 1. 施工图设计模型

细化各专业构件及预制构件的模型。模型应体现机电预留预埋、门窗幕墙预埋,墙体与机电、装修一体化模型应体现末端点位布置。集成厨房、集成卫生间模型宜包含地面、墙面、天花、厨卫设备、五金配件、插座、照明、通风、给排水管线等,如图 8-4 和图 8-5 所示。

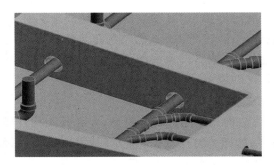
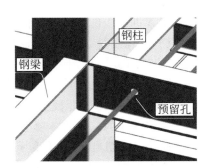

图 8-4　混凝土结构梁上表达套管的预留　　　　图 8-5　钢梁腹板预留孔

### 2. 管线综合及净高检查

收集各专业模型,整合建筑、结构、给排水、暖通、电气、内装等专业模型,形成整合的建筑信息模型,如图 8-6 所示。校核土建专业的预留预埋、点位布置与机电、内装专业的一致性。进行各专业间的碰撞检查,检查内容包括土建与机电之间、主体和内装之间、集成卫生间、集成厨房与主体之间、单元式幕墙与主体之间;设定管线综合原则,完成各种管线布设与建筑、结构平面布置和竖向高程相协调的三维协同设计工作;逐一调整模型,让各专业之间的碰撞问题得以解决。通过软件的净高检查功能,完成净高符合性检查,如图 8-7 所示。

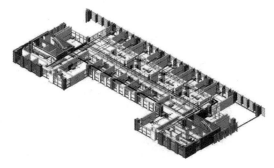

图 8-6　全专业模型整合

图 8-7　空间检查

## 8.2.3　深化设计阶段

深化设计阶段的 BIM 技术应用包括以下内容:基于各个预制构件的三维实体模型将建筑的各个要素进一步细化成各个构件,形成深化设计模型,对于装配式混凝土建筑而言,主要包括钢筋、预埋线盒、线管和设备等全部设计信息,对于装配式钢结构建筑而言,主要包括柱脚、钢柱、钢梁的栓钉、钢梁与钢支撑的连接板等;输出包含钢筋、埋件、栓钉、连接板等材料清单的预制构件深化设计图纸;进行预制构件的碰撞检查。

**1. 预制构件深化设计模型**

收集预制构件的三维实体模型,整合建筑、结构与机电专业的模型,并在预制构件模型上添加钢筋、埋件、机电预埋、预留孔洞等内容,如图 8-8 和图 8-9 所示,最终由模型直接统计混凝土体积与质量,钢筋与金属件的类别、型号与数量等材料信息。

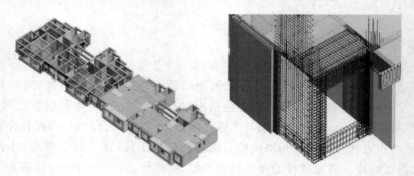

图 8-8　装配式混凝土建筑深化设计模型

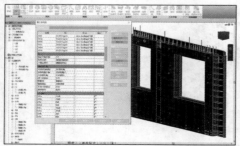

| 构件注释 | 类型 | 所属 | a承重 | h承重 | L承重 | v承重 | 承重 | ws | a承 | h承 |
|---|---|---|---|---|---|---|---|---|---|---|
| 预制剪力外墙 | YWQ1 | 1 | 1550 | 200 | 2980 | 0.92 | 5.58 | 1850 | 60 | |
| 预制剪力外墙 | YWQ1 | 1 | 1550 | 200 | 2980 | 0.92 | 5.58 | 1850 | 60 | |
| 预制剪力外墙 | YWQ2 | 1 | 1500 | 200 | 2980 | 0.89 | 5.31 | 1760 | 60 | |
| 预制剪力外墙 | YWQ2 | 1 | 1500 | 200 | 2980 | 0.89 | 5.31 | 1760 | 60 | |
| 预制剪力外墙 | YWQ4 | 1 | 1900 | 200 | 2980 | 1.13 | 6.96 | 2310 | 60 | |
| 预制剪力外墙 | YWQ4 | 1 | 1900 | 200 | 2980 | 1.13 | 6.96 | 2310 | 60 | |
| 预制剪力外墙 | YWQ8 | 1 | 2200 | 200 | 2840 | 1.25 | 7.36 | 2440 | 60 | |
| 预制剪力外墙 | YWQ8 | 1 | 2200 | 200 | 2840 | 1.25 | 7.36 | 2440 | 60 | |
| 预制剪力外墙 | YWQ10 | 1 | 2400 | 200 | 2840 | 1.36 | 7.87 | 2610 | 60 | |
| 预制剪力外墙 | YWQ10 | 1 | 2400 | 200 | 2840 | 1.36 | 7.87 | 2610 | 60 | |
| 总计: 10 | | | | | | | | | | |

图 8-9　预制剪力外墙深化设计模型及料表

**2. 深化设计图纸**

（1）预制构件深化模型搭建完成后，通过剖切、调整视图深度、隐藏构件等步骤，搭建相关图纸，如图 8-10 所示。

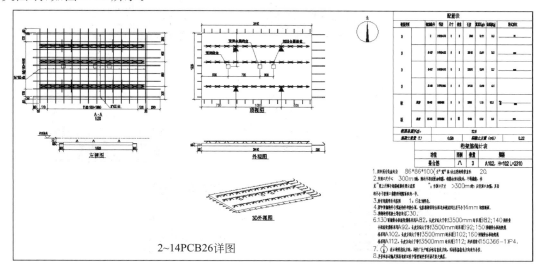

图 8-10　叠合板深化设计图纸

（2）添加文字注释、尺寸标注、图例等。对复杂节点，宜增加三维透视图和轴测图进行表达。

（3）提取相关构件信息，形成统计表格，如预制构件统计表、预制构件钢筋料表、预埋件明细表等。

（4）完成深化设计模型自审，解决各专业内及专业间问题。质量审查合格后，方可提交校对人校对。

（5）校对人完成校对工作后，提交记录单。

（6）提交审核人审核。

# 8.3　生产阶段应用

教学视频：BIM
技术在装配式
建筑中的应用

根据预制构件深化设计模型，添加模具、生产工艺、养护、成品堆放与运输、预制构件编号等所需的信息，基于生产确认函、变更确认函、设计文件等完成预制构件生产模型，通过提取生产料单和编制排产计划形成资源配置计划和加工图，并在构件生产和质量验收阶段形成构件生产的进度、成本和质量追溯等信息。

根据预制构件加工图纸，生产预制构件。如有条件，可让生产设备直接与模型对接，直接读取模型中的生产信息，实现机械的自动化生产。在预制构件生产和质量验收时，形成预制构件的生产进度、材料用量、成本等信息，通过预制构件编号与编码的管理，生成相应的二维码，作为预制构件唯一的身份证明，而在后续各流程中通过识别设备的二维码，不断更新其状态及信息数据的积累，如图 8-11 所示。

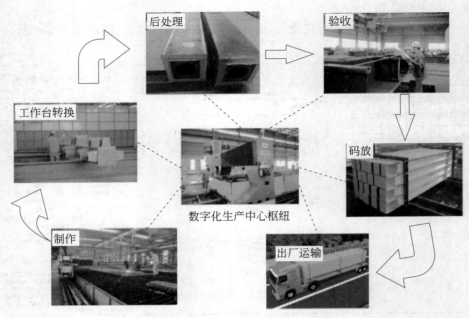

图 8-11　构件生产信息化管理系统

在运输阶段,根据预制构件生产模型添加运输信息,基于预制构件加工生产记录表、加工验收表、运输车辆型号、运输信息等完成预制构件运输模拟模型,借助信息模型的可视化特性,实现预制构件的运输模拟与优化。

# 8.4　施工阶段应用

## 8.4.1　施工准备阶段

施工准备阶段的 BIM 技术应用是指利用 BIM 技术对设计图纸中可能存在不符合施工要求、影响施工进度、质量的问题进行修改;基于施工深化模型,对项目施工方案进行模拟、分析、优化,从而发现施工中可能存在的问题,保障工程项目质量。

### 1. 施工深化设计

施工深化主要包括以下内容:对预制构件预留钢筋和现浇部位钢筋进行碰撞检查,对机电管线与预制构件进行碰撞检查;对安装预制构件的临时支撑进行模拟,验证斜支撑布置的合理性,校核与指导预制构件预埋件的布置;对装配式建筑外立面的防护措施(如钢管脚手架、三角挂架、爬架等)进行设计,优化防护方案;建立模板模型,同时对模板与预制构件之间的连接、定位、接缝处理进行校核,实现模板加工阶段的质量控制。

(1) 施工方利用深化设计模型,以及自身施工特点及现场情况,完善建立施工深化设计模型,如图 8-12 所示。

(2) 对建筑信息模型的施工合理性和可行性进行甄别和优化。

（3）对于构件在生产中有影响的施工深化设计要点，应在构件生产前提供给生产单位，如图 8-13 所示。

图 8-12　施工深化模型

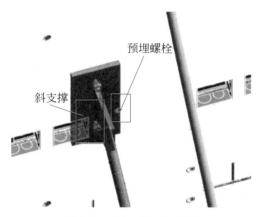

图 8-13　斜支撑安装模拟

**2. 施工场地布置模拟与优化**

（1）根据预制构件堆场、材料堆场、临时道路、安全文明设施、环水保等常用的施工设备及施工现场临时设施，建立场地模型，如图 8-14 所示。

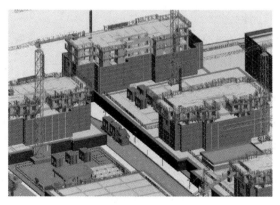

图 8-14　施工场地模型

（2）对场地进行优化，包括塔吊、道路转弯半径等。

（3）根据施工总平面布置模型输出平面图，显示临设的主要位置和尺寸参数。

利用施工进度模拟模型进行可视化施工模拟，检查施工进度计划是否满足约束条件，是否达到最优状况。如不满足条件，则应进行优化调整，优化后的进度计划可用于指导项目施工，如图 8-15 所示。

图 8-15　施工进度模拟

## 8.4.2　施工实施阶段

施工实施阶段的 BIM 技术应用是指将施工深化设计模型与施工进度、质量、安全、成本等相关环节的信息进行关联，生成施工应用管理模型，充分利用 BIM 技术精细化与可视化特点，实现各项施工指标精准化的过程管控。

**1. 设计变更**

（1）依据审定后的变更设计方案，修改 BIM 模型中相关的构件和变更参数。

（2）对变更的方案进行评价分析，确定工程变更方案的影响程度。

（3）完成变更设计模型，导出施工图纸。

**2. 施工测量**

（1）制作施工测量控制网。

（2）在 BIM 模型中创建放样控制点，并将控制点导入放样设备。

（3）对现场放样控制点进行数据采集，并定位设备现场坐标。

（4）进行现场精确放样。

**3. 施工进度管理**

（1）收集施工进度管理模型，根据构件编码，将施工现场实际的进度信息关联到施工进度管理模型上，并与计划进度进行对比分析，对进度偏差进行调整，更新目标计划，实现进度管理，如图 8-16 所示。

（2）生成施工进度模拟动画，更新施工进度计划。

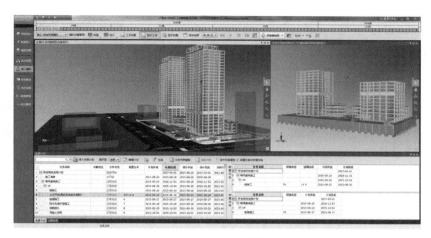

图 8-16　施工进度管理

# 学习小结

## 复习思考题

1. 简述 BIM 的概念。

2. 简述 BIM 的相关政策和标准。

3. 简述 BIM 在构件安装过程中的应用范围。

# 参 考 文 献

[1] 肖明和,刘振霞. 装配式建筑概论[M]. 北京:中国建筑工业出版社,2019.

[2] 郭学明. 装配式建筑概论[M]. 北京:机械工业出版社,2018.

[3] 郭学明. 装配式混凝土建筑制作与施工[M]. 北京:机械工业出版社,2018.

[4] 中华人民共和国住房和城乡建设部. 装配式混凝土结构技术规程(JGJ 1—2014)[S]. 北京:中国建筑工业出版社,2014.

[5] 中华人民共和国住房和城乡建设部. 普通混凝土用砂、石质量及检验方法标准(JGJ 52—2006)[S]. 北京:中国建筑工业出版社,2007.